L'ADN et les Haplogroupes des Européens

Peut-on encore parler de Races chez les Humains ?

Elisa de Vaugüé

Copyright © 2022 Elisa de Vaugüé

Tous droits réservés.

ISBN : 978-1097952991

Cet ouvrage est édité et imprimé par Amazon KDP, entreprise américaine.
Il est protégé par le 1er amendement de la Constitution Américaine.

Contact : ladydevau@gmail.com

A J. R. R. dont l'immense culture générale, les réflexions et les critiques ont largement contribué à l'élaboration de ce livre,

A ma mère,

A mon père,

Tous originaires d'Afrique ?

D'aussi loin que remontent mes souvenirs, je n'ai jamais réussi à gober que je pouvais descendre d'une branche africaine humaine.

A cette époque, il y a presque quarante ans, on pouvait encore parler de « blancs », d' « arabes » et de « noirs », sans employer ces termes alambiqués de « personne de couleur » d'extra-européen, ou le très actuel « racisé ». Je me souviens encore de ce professeur de faculté qui nous avait expliqué la théorie « *Out of Africa* » selon laquelle le premier humain de notre espèce était parti d'Afrique, à pied, en petit groupe, vêtu juste d'un pagne, qu'il avait conquis la planète, et qu'avec le temps froid, les métissages et l'évolution, la peau des générations suivantes avait blanchi progressivement pour donner les blancs actuels d'Europe et d'Amérique, exactement comme notre peau est capable de foncer rapidement, quand nous bronzons. C'était aussi simple que cela, valable dans un sens comme dans l'autre.

Et là, j'avais buggé. Il s'était passé un drôle de truc dans mon cerveau, que j'avais juste essayé de dépasser. Alors que ça m'apparaissait comme automatiquement inconcevable, j'avais eu envie d'y croire. J'avais vraiment, vraiment, eu envie d'y croire, un peu comme on entre en religion. Cela aurait été tellement plus facile. J'avais tout essayé.

Mais rien n'y avait fait, je n'y avais pas cru. La théorie de l'homme qui vient de l'*australopithèque*, qui blanchit en même temps qu'il se dépoile, n'était juste pas passée.

Puis j'avais un peu oublié, jugeant que ce n'était pas si important que cela, que, finalement quelle que soit notre couleur de peau, nous étions tous égaux, et appartenions tous à la même grande espèce humaine. Et j'avais très bien vécu toute ma vie avec cette idée, et ce truc resté mystérieux et inexpliqué. Jusqu'à tout récemment.

J'ai alors décidé d'y mettre les grands moyens, de me faire ma propre opinion, résoudre le problème, ne croire plus rien ni personne, que les faits, et éplucher tous les articles scientifiques sur le sujet.

Ce fut donc le début de cette grande aventure, qui aboutit, finalement, à ce livre.

Tout a commencé par un autre diplôme. Un diplôme de musicothérapie.

Le grand spécialiste argentin Rolando Omar Benenzon avait inventé le concept d' *identité sonore* [1] ».

Dans mon diplôme, pour soulager les gens de leurs douleurs et de leurs angoisses, on pouvait leur faire écouter une musique qui leur correspondait.

C'était cette fameuse « *ISo* », (comme identité sonore), qu'il fallait définir, différente pour chacun. Elle dépendait de beaucoup de facteurs : certains communs à tous les humains peut-être innés comme le galop des chevaux, le bruit du cœur, certains dépendant de leur ethnie, d'autres clairement acquis par leur groupe social et culturel, puis les derniers, dus à leurs goûts et leurs interactions avec le monde et les autres.

Il était devenu clair que, devant la souffrance et la maladie, les humains étaient rassurés et soulagés par leurs musiques ethniques, venues du plus profond de leur enfance ou de leur peuple.

C'était devenu plus complexe quand j'avais découvert les travaux d'un chercheur canadien, *Steven Brown* de l'université de Hamilton.

Son étude [2] révélait que la musique, élément culturel universel, pouvait devenir un marqueur fiable de l'histoire d'une population humaine, au même titre que le langage, et le génome.

Réalisée sur 9 ethnies distinctes, et séparées, de Taïwan, dont on connaissait, musique, langage et génome séquencé, à l'aide de 2 logiciels qui pouvaient décomposer les 41 caractères (tempo, rythme etc.) de 220 chansons et les comparer à 1050 séquences génétiques, les statistiques avaient parlé : il existait bien une corrélation entre la musique et les gènes chez ces ethnies taïwanaises.

Autrement dit, il y avait une coévolution de la génétique et de la structure musicale : bien que ces peuples aient partagé des ancêtres communs, au fur et à mesure que les contacts avaient diminué, l'ADN s'était transformé, de la même façon que la musique avait acquis ses propres caractéristiques, et s'était accompagnée de ses innovations singulières.

Il y avait donc bien des caractères ethniques particuliers de l'ADN. Et cela allait devenir le début de mon enquête car cette étude venait de réveiller des doutes vieux de plus de trente ans.

Je vais poursuivre mon étude dans un ordre chronologique d'apparition des espèces archaïques, puis par l'étude des Haplogroupes européens d'abord préhistoriques, puis antiques, et actuels. Comme on travaille à partir de découvertes archéologiques, sur lesquelles on pratique des analyses génétiques, il y a parfois très peu d'individus, et l'étude peut parfois sembler décousue.

Et c'est vrai, nous sommes en présence d'un grand puzzle humain, dans lequel il manque parfois des pièces. Cela laisse des blancs, que j'espère pouvoir remplir au fil du temps.

1. L'Europe du Messinien, berceau de l'Humanité, en Grèce et Bulgarie.

Commençons donc par le plus vieil hominidé de l'humanité, qui n'est ni *Lucy*, l'australopithèque africaine, découverte en Éthiopie par Donald Johanson, Maurice Taieb et Yves Coppens, et a fait toute la gloire de ce dernier, et n'a que *3,18 millions d'années,*

ni *Toumaï* découvert au Tchad, à l'ouest du Rift par Ahounta Djimdoumalbaye, Fanoné Gongdibé, Mahamat Adoum et Alain Beauvilain, et âgé, lui, de *7 millions d'années* environ.

Maintenant, nous savons que le berceau de l'humanité est bien en Europe, comme le laisse supposer la toute nouvelle datation des *Graecopithèques* bulgare, et grecs[3], qui fait, au moment précis où j'écris, d'eux, nos plus anciens ancêtres tout ce qu'il y a de plus européens, vieux de *plus de 7 millions d'années*, et peut-être même les plus anciens spécimens de toute l'humanité. Oui oui, l'humanité serait bien née en Europe.

Il n'est donc plus du tout certain que l'humanité soit apparue en Afrique, (pas plus qu'homo sapiens se soit décoloré au froid en y arrivant).

En effet, en 1944, l'armée allemande, construisait un bunker en *Grèce* à Pyrgos Vassilissis, au nord-ouest d'Athènes, quand les soldats ont mis alors au jour un reste de mâchoire fossilisée.

Ce n'est qu'en 1972 que Gustav von Koenigswald, nommera cet homininé (du genre homo) *Graecopithecus freybergi*, du nom de son réel inventeur, *Bruno von Freyberg*, qui curieusement, semble ne l'avoir pas trop revendiqué de son vivant, peut-être parce que le chercheur n'avait pas pris la mesure de sa découverte, et pensait être en présence d'un petit singe, du fait de la très petite taille, (de 1,15 à 1,25 m pour environ 35 kg), de ce premier spécimen humain et européen.[4]

Une dent est également retrouvée en *Bulgarie*. rapprochée à cette même espèce sans plus d'analyses. ni datations.

Plus de 70 ans plus tard, une équipe internationale de scientifiques décide toutefois de réexaminer ces fossiles à l'aide d'une technologie moderne très sophistiquée : la tomographie, un système d'imagerie capable de reconstruire un objet en 3D à partir de fines couches en 2D.

La prémolaire retrouvée en Bulgarie révèle alors une *double racine* partiellement fusionnée, caractéristique partagée par l'homme moderne et les premiers hommes.

Les grands singes, eux, ont des dents avec deux ou trois racines séparées. Après être retournés sur le site pour réaliser des mesures à partir de la sédimentation du site, les chercheurs arrivent à cette conclusion :

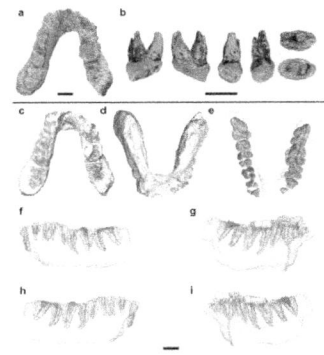 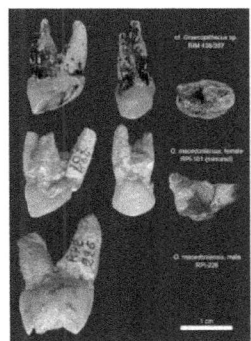

La dent fossilisée est non seulement celle d'un hominidé différent des grands singes (qui font eux aussi partie de la famille des hominidés), mais elle date d'environ *7,2 millions d'années*. C'est donc un vrai *homininé* (du genre *homo*).

D'après les conclusions des chercheurs, la séparation entre grands singes et hominidés semble plus ancienne que ce que l'on pensait, et aurait eu lieu sur les rives est du bassin méditerranéen, en *Europe*, et non en *Afrique*.

Les scientifiques à l'origine de cette découverte ont expliqué qu'il y a 7,2 millions d'années, les Balkans étaient recouverts par une savane qui aurait poussé le Graecopithèque freybergi à se déplacer au sol pour trouver une nourriture nouvelle.

Graecopithecus freybergi, the first pre-humans, in their natural environment in Southeast Europe over 7 million years ago. Image: Asen Ignatov, National Museum of Natural History – Sofia

Dans le même temps, les vents déplaçaient le sable du Sahara pour créer une barrière naturelle entre Afrique et Eurasie, favorisant l'apparition de deux espèces distinctes : le *Graecopithèque* européen, et *Sahelanthropus tchadensis* africain, alias *Toumaï*.

2. Théorie multi régionale d'apparition de l'homo sapiens versus « *Out of Africa* » et le modèle de Rasmus Nielsen

Une étude scientifique de 2012 [5] éclaire un peu plus ma lanterne sur les modèles utilisés en génétique et les hypothèses formulées.

Pendant la plus grande partie du XXe siècle, la vision prédominante de l'histoire de l'évolution humaine a été tirée des archives fossiles. On a vu l'homo erectus émerger en Afrique d'un membre du genre précédent, puis se répandre dans tout l'Ancien Monde et en Océanie.

Ce modèle de continuité régional d'évolution d'homo erectus via diverses espèces archaïques intermédiaires chez l'homme moderne dans chacune des régions habitées par homo erectus a été qualifié de *modèle multi régional de l'évolution* humaine (MRE).

Puis est arrivée la théorie '*Out of Africa*' d'Yves Coppens, pour l'homo sapiens. Ce modèle radicalement différent formulait l'hypothèse d'une origine unique, en Afrique, de l'homo sapiens anatomiquement moderne. Certaines populations auraient ensuite migré hors d'Afrique pour remplacer les populations archaïques locales, dans le monde entier par un remplacement complet.

Une espèce de « grand remplacement » avant l'heure. C'était le *modèle d'origine africaine récente* (RAO).

Ce qui alors m'apparaissait surtout, c'était que les

chercheurs élaboraient leurs hypothèses et leurs modèles en fonction et de leurs croyances et de leur idéologie. Et cela, c'était tout sauf scientifique.

Normalement le raisonnement scientifique nous laisse élaborer des hypothèses, dont on vérifie l'éventuelle validité, ou pas. Et en fonction de ce qui est apparu, on en tire ses conclusions.

Là, on avait trouvé un premier, puis un deuxième spécimen en Afrique, ce qui n'était pas si étonnant que cela vu que la sécheresse a tendance à mieux conserver les fossiles, et la communauté internationale s'était précipitées sur une origine africaine de l'homme. Avec juste deux spécimens.

Les partisans des deux modèles avaient utilisé différentes interprétations des archives fossiles pour renforcer leurs points de vue pendant des décennies. Dans les années 1980, les techniques de génétique moléculaire avaient commencé à fournir des preuves de la variation humaine moderne, qui avait permis de tester, non seulement les différents modèles d'origine humaine moderne, mais aussi l'historique démographique d'exploration, et les types de sélection, ainsi que les différentes régions du génome, et même des traits spécifiques subis. La majorité des chercheurs avait interprété ces données comme un support puissant du modèle RAO, en particulier des analyses de l'ADN mitochondrial (ADNmt).

En extrapolant rétroactivement à partir de modèles de variation modernes, et en utilisant divers points d'étalonnage et taux de substitution, un consensus s'était dégagé, qui avait vu les humains modernes évoluer à partir d'une population africaine, il y avait environ 200 000 ans. Beaucoup plus tard, il y avait environ

50 000 ans, un sous-groupe de cette population avait quitté l'Afrique, pour remplacer les Néandertaliens en Europe et en Asie occidentale, ainsi que les humains archaïques en Asie orientale et en Océanie. Des séquences d'ADNmt de plus de deux douzaines de Néandertaliens et des premiers hommes modernes avaient renforcé ce consensus.

Cependant, en 2010, les génomes complets de *Néandertal* et d'homininés de Sibérie appelés *Dénisoviens*, avaient démontré un flux de gènes entre cette espèce humaine archaïque et les Eurasiens modernes, mais pas les Africains subsahariens.

Bien que les niveaux de flux de gènes puissent être très limités, cette découverte inattendue ne correspondait ni au modèle RAO ni au modèle MRE.

Et là, on était tous bien embêtés. Que penser alors ?

Et il est apparu de cet article ancien de 2012, qu'il n'existait pas pour les Européens de modèle unique "*Out of Africa* ", mais au contraire des hybridations, appelées *ad-mixtures*, répétées, tellement nombreuses que presque 10 ans plus tard, les chercheurs en ont créé le *logiciel « ad-mixtures »* pour les étudier.

C'est ensuite en 2018, que ce nouveau modèle fut complété par l'équipe de *Rasmus Nielsen* [6], montrant une origine complexe et *multi-mixée*, avec des espèces archaïques européennes, *Néandertal* et *Dénisova*, et des *homo sapiens* (d'origines multiples), des hommes

Tableau de l'évolution humaine d'après R. Nielsen (2018)
A noter que la théorie « Out of Africa » n'est pas du tout certaine

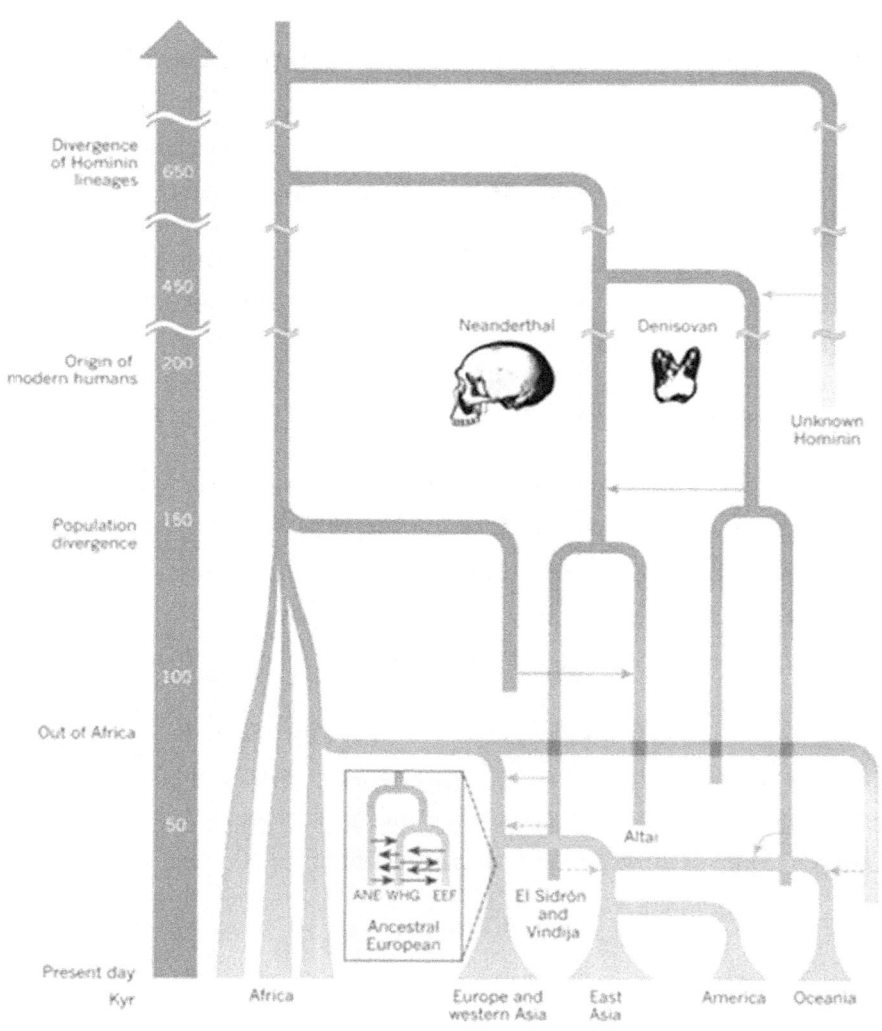

modernes correspondant au schéma de *Nielsen*.

Récapitulatif :

- Les premiers homininés du monde, les *Graecopithèques* sont nés en Europe (Grèce et Bulgarie actuelles).

- Les Européens modernes sont des *ad-mixtures* d'espèces eurasiatiques archaïques (*Néandertal* et *Dénisova)* et d'*homo sapiens* d'origines multiples.

Là, tout a déjà changé, les Européens ne sont plus d'origine africaine, mais brassés, brassés, brassés, brassés, avec des homo sapiens d'origines multiples.

Ces éléments sont encore confirmés par la découverte en Chine, dans la *grotte de Fuyan* (à proximité de Daoxian, province chinoise du Hunan) de 2011 à 2013, dans une strate d'argile sablonneuse, de 47 dents attribuées à *Homo sapiens* qui ont été confiées à une équipe internationale pour étude. Dans les mêmes strates, la mise au jour de restes d'animaux du *Pléistocène supérieur* a permis de dater l'ensemble des artefacts entre *80 000 et 120 000 ans*[7] et donc de conforter encore la probabilité d'une *origine eurasiatique* de l'*homo sapiens* moderne.

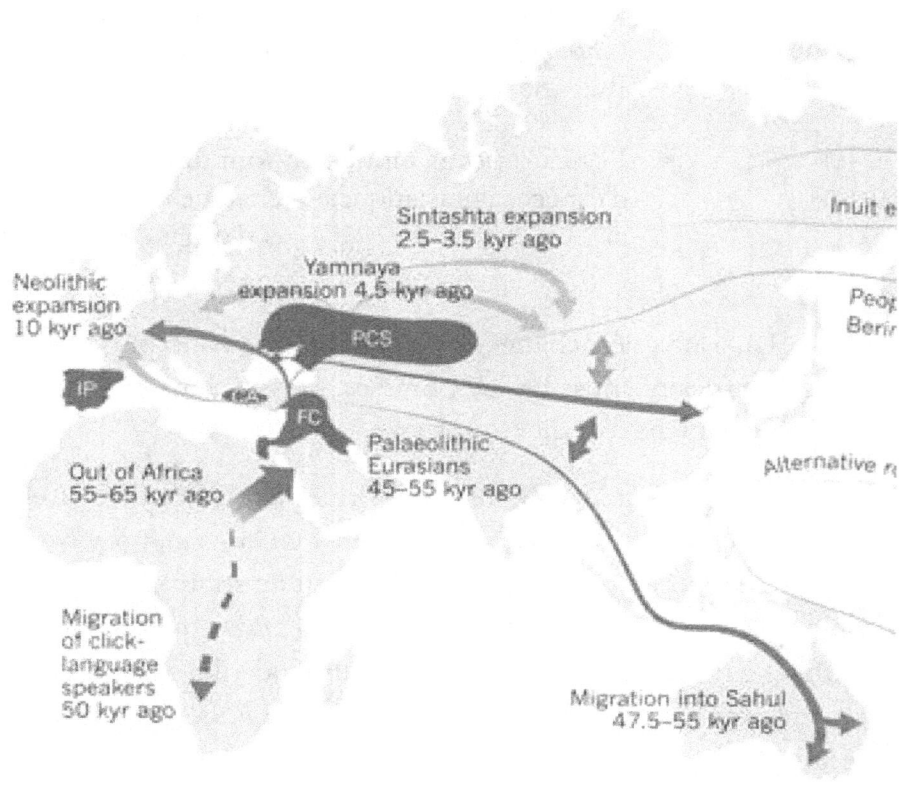

Modèle de Rasmus Nielsen et collaborateurs

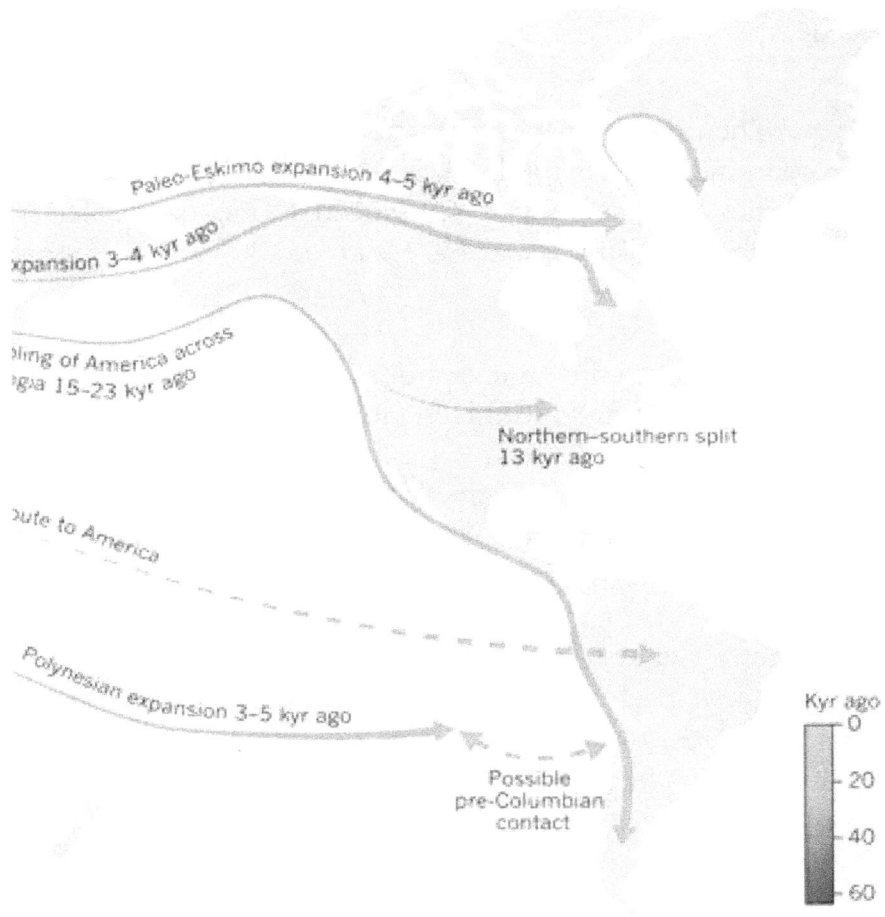

3. Un homo sapiens d'origine eurasienne : Le nouveau modèle d' Úlfur Árnason

A l'heure où le consensus scientifique est mitigé, mais reste unanime dans les médias scientifiques et non-scientifiques français pour une origine africaine, un article courageux de *Paul Moga, dans Les Echos* [8] en 2018, bouleverse à nouveau les idées reçues :

« Plusieurs indices convergent pour remettre en question le modèle de dispersion initial d'Homo sapiens.

Selon de nouveaux scénarios fondés sur l'analyse génomique des populations, il serait apparu et se serait propagé à partir de l'Eurasie. »

Je cite : « Cet article a suscité bon nombre de commentaires, parfois très critiques, sur twitter et les réseaux sociaux. « *Les Echos* » ont pris bonne note de ces remarques, et assurent leurs lecteurs qu'ils reviendront sur ce sujet complexe des origines de l'homme moderne dans une prochaine parution. »

La théorie « *Out of Africa* », selon laquelle le berceau de l'humanité serait le résultat d'une expansion démographique partie de l'Afrique subsaharienne, venait de subir de nouveaux coups de boutoir. Et cet article vulgarisateur exposait les nouveaux faits suivants :

Dans un article publié dans la revue « *Trends in Ecology & Evolution* »[9], un groupe de scientifiques spécialistes de l'évolution humaine, de génétique et des climats du passé, affirme qu'au cours des 300.000 dernières années, c'est une

« dynamique complexe de connexions, de séparations, et de métissages entre les différentes lignées et cultures de nos ancêtres »

qui aurait engendré, à la manière d'un puzzle, la diversité de notre espèce.

La découverte de Djebel Irhoud

De sérieux doutes ont commencé à faire trembler les fondements de la théorie du berceau unique avec la découverte au Maroc des restes d'un représentant *d'Homo sapiens*. Et pas des moindres : dans l'ancienne mine saccagée de Djebel Irhoud, à l'ouest de Marrakech, où il a pu dégager le site, le paléoanthropologue *Jean-Jacques Hublin et son équipe* ont libéré les plus anciens ossements connus de notre espèce, plus vieux de 100.000 ans, que les premiers ossements reconnus comme anatomiquement modernes découverts en Ethiopie.

« La découverte marocaine repose la question de l'enracinement initial d'Homo sapiens », expliquait le directeur de l'équipe de recherche.

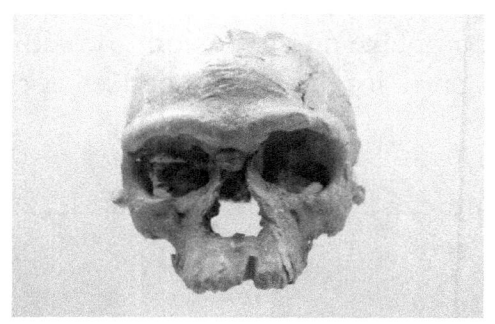

Djebel Irhoud 1 découvert en 1961

Fait fondamental : ce plus ancien spécimen *d'Homo sapiens sapiens* marocain (dont il existe quelques 26 fossiles appartenant à au moins 5 individus différents), datant de 315 000 ans, (à *l'uranium-thorium),* a un caractère morphologique prédominant de l'homme de Néandertal, le *bourrelet sus-orbitaire* [10].

Comment ne pas imaginer que ce premier homo sapiens du monde n'est pas aussi un hybride de Néandertal, ou d'homo erectus, ou des deux, juste d'après ses caractéristiques morphologiques ? Quel dommage de ne pas pouvoir aussi analyser son ADN très ancien !

A l'époque, de nombreuses régions aujourd'hui inhospitalières d'Afrique, telles que le Sahara, étaient humides et vertes, traversées par des réseaux entrelacés de lacs et de rivières, et il n'existait aucune frontière géologique sur le continent. Inversement, certaines régions tropicales étaient arides. La nature changeante de ces zones a conduit à des subdivisions au sein des populations humaines, qui ont donc vraisemblablement traversé de nombreux cycles d'isolement et de mélanges, conduisant à des adaptations locales et à des périodes de mélanges génétiques et culturels.

« L'évolution des populations humaines en Afrique était multirégionale. Notre ascendance était multiethnique et l'évolution de notre culture matérielle était bien multiculturelle »,

résumait le *docteur Eleanor Scerri, archéologue au Jesus College de l'université d'Oxford* et chercheuse à l'Institut Max-Planck, qui a cosigné l'étude publiée dans la *revue «Trends in Ecology & Evolution »*.

Un buisson généalogique

Une autre découverte, réalisée fin août 2021, confirme cette vision buissonnante de l'évolution, faite d'une mosaïque foisonnante, qui a vu apparaître et disparaître des espèces jusqu'à conduire notre famille vers une lignée unique qui a inventé le feu, le langage et la bombe atomique. Elle provient également d'une équipe de *l'Institut allemand Max-Planck*, menée par l'*anthropologue évolutionniste Svante Pääbo*. Ce chercheur est connu pour avoir largement contribué au décodage du génome des *Néandertaliens* et permis d'avancer qu'ils avaient mélangé leurs gênes à nos ancêtres *Sapiens*.

Cette fois, c'est à un fragment d'os d'à peine 2,5 cm que s'est intéressé le scientifique. Découvert en 2012 parmi des milliers d'autres fragments d'animaux dans une grotte des montagnes de l'Altaï, la *grotte de Dénisova*, il appartient à une adolescente de treize ans qui vivait là il y a 90.000 ans.

« Reconstitution de Denny, 13 ans, hybride de néandertal et Dénisova Photo: © John Bavaro/early-man.com Source and text.

Une première analyse a été pratiquée en 2016 sur son ADN mitochondrial (correspondant au matériel génétique transmis par la mère à son enfant). Elle a révélé que l'os appartient à un hominidé d'origine *Néandertal*. En étudiant ensuite l'ADN nucléaire (hérité pour moitié de l'ADN paternel), l'équipe de *Svante Pääbo* a fait une découverte surprenante :

la jeune fille était hybride, issue de l'accouplement d'une mère *néandertalienne*, donc, et d'un père *dénisovien*.

Cette dernière lignée est apparue récemment dans la généalogie des hominidés, et les paléontologues ne disposent que de quelques fragments d'os et de dents pour l'étudier. C'est insuffisant pour déterminer leur morphologie, sans doute robuste, mais assez pour ajouter quelques pièces au puzzle génétique des lignées humaines.

De l'ADN dénisovien chez les Inuits et les Tibétains

Plusieurs études ont ainsi montré qu'une partie de l'ADN des Dénisoviens a été sélectionnée chez certaines populations d'Homo sapiens :

- chez les Inuits, il influence par exemple la gestion des tissus adipeux ;
- chez les Tibétains, il améliore le transport de l'oxygène dans le sang, expliquant leur capacité à vivre en altitude où l'air est pauvre en oxygène.

L'homme de *Denisova,* qui tire son nom de la grotte des montagnes de l'Altaï où a été découverte la jeune fille, a aussi contribué à hauteur de 4 à 6 % au génome des Papous de Nouvelle-Guinée et des aborigènes australiens.

Des croisements fréquents

Une étude réalisée par des chercheurs américains, *Sharon Browning et ses collègues des universités de Washington et de Princeton*, montre que plusieurs interactions se sont produites avec Homo sapiens.

En inspectant le génome de plus de 5.500 individus, ils ont repéré de l'ADN dénisovien chez les populations d'Asie de l'Est, en particulier deux ethnies chinoises et les Japonais.

Ils ont aussi remarqué que cet ADN différait significativement de celui retrouvé dans les populations d'Australasie. Il existait donc deux populations dénisoviennes que notre ancêtre a rencontrées, respectivement en Asie de l'Est et en Asie du Sud-Est.

Après la découverte l'an passé en Grèce d'un hominidé (*le Graecopithèque*), plus ancien que Toumaï, notre ancêtre supposé découvert au Tchad, ces nouveaux indices fournissent une preuve supplémentaire aux tenants du modèle alternatif au berceau africain qui situe l'origine de l'homme… en Eurasie.

Le modèle d'Úlfur Árnason

Le professeur de génétique suédois *Úlfur Árnason* jette alors un pavé dans la mare en publiant une étude dans la revue « *Gene* » [11]. Ses travaux portent sur l'analyse génomique des populations d'hominidés qui peuplaient la région à cheval entre l'Europe et l'Asie, et, selon ses conclusions, les mélanges génétiques entre Homo sapiens, Néandertal et Denisova ne peuvent pas s'expliquer avec le peu de temps de vie en commun que suggère le modèle « *Out of Africa* ».

Pour lui, partant d'Eurasie, Homo sapiens aurait colonisé l'Afrique, l'Europe et l'Asie en plusieurs groupes distincts, expliquant les mélanges génétiques marqués de l'homme moderne avec ses cousins d'une région à l'autre du globe.

« La dispersion d'Homo sapiens à travers l'Eurasie, il y a 60.000 ans, a sans doute permis des interactions répétées à grande échelle avec les populations archaïques »,

avance Úlfur Árnason.

Ce qui pourrait expliquer, mieux que les théories actuelles, comment Néandertaliens et Dénisoviens ont été absorbés par l'homme moderne.

Le périple d'homo sapiens sapiens eurasien, figure 3 d' Úlfur Árnason

Ses conclusions :

Nous avons examiné le bien-fondé de l'hypothèse *Out of Africa* à la lumière des récentes analyses génomiques des humains existants (*Homo sapiens sapiens, Hss*) et des progrès de la paléontologie *néandertalienne*.

L'examen n'a pas apporté d'élément soutenant le scénario communément admis de *l'Out of Africa*, mais a plutôt favorisé

- une *divergence eurasienne entre les Néandertaliens et les Hss* (l'hypothèse *Askur/Embla*)
- et une hypothèse *Out of Asia/Eurasia* selon laquelle toutes les autres parties du monde ont été colonisées par des migrations Hss en provenance d'Asie.
- L'examen suggère en outre que *les ancêtres des KhoeSan et Mbuti actuels* ont constitué la ou les premières dispersions Hss en Afrique
- et que les *ancêtres des Yoruba* ont constitué une vague ultérieure sur le même continent.

Ces conclusions constituent un changement de paradigme pour l'étude de l'évolution humaine.

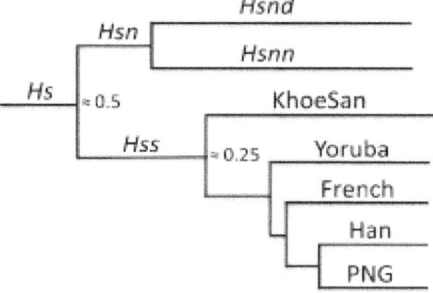

Arbre phylogénétique des tribus étudiées par Úlfur Árnason et son équipe

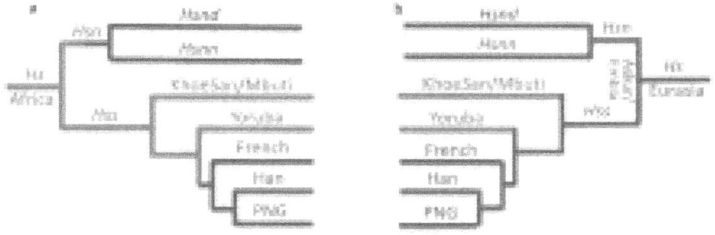

4. Et si nous n'étions plus des homo sapiens mais leurs hybrides miscibles ?

C'est en 2021, qu'un article paru dans la revue *Science Advance* [12] est passé presqu'inaperçu pendant l'été.

Et encore une fois, il bouleverse mes certitudes.

En fait les hommes modernes n'ont dans leurs gènes fonctionnels *qu'entre 1,5 et 7 % de gènes d'homo sapiens,* bien sûr, de façon attendue, ces gènes contrôlent leurs fonctions cognitives et cérébrales.

Logique ! Nous ne cessons d'évoluer avec notre technologie : Si je suis plus douée avec Windows que mon père, mon fils, qui a eu une souris dans les pattes à trois ans, est bien plus doué que moi au jeux-vidéos dans l'espace.

Plus de 93 % des gènes de l'homme moderne appartiennent à des espèces archaïques. Ou plus exactement l'homme moderne, c'est nous.

Il apparait aussi de façon certaine qu'il faut rajouter dans les humains archaïques *homo sapiens*, au même titre que *Dénisova, Néandertal,* et le récent asiatique *homo longi*.

Le premier *homo sapiens sapiens*, si tant est qu'il ait existé, a disparu depuis longtemps.

En fait les hommes modernes ne sont que les *ad-mixture*s des espèces archaïques.

Pire, même si l'homme de *Néandertal* était antérieur à *homo sapiens*, le chromosome reproducteur Y de Néandertal provient d'un homo sapiens [13]. Cela défie définitivement toute logique, à moins de… revoir l'intégralité de nos hypothèses et de notre paradigme. Et d'imaginer que notre chronologie, et ses localisations, défendues dans tous les médias scientifiques et de vulgarisation, en France, ne sont pas les bonnes.

Une seule chose est vraiment certaine :

L'espèce humaine est en perpétuel mouvement, et les hommes modernes actuels ne sont déjà plus les mêmes que les hommes modernes d'il y a 100 ans.

Il existe un bon exemple de ce que je tente d'expliquer chez des mammifères prédateurs, en haut de la chaine alimentaire marine : les orques. Ils sont présents dans toutes les mers et il en existe toutes sortes de races. Elles se sont différenciées il y a tellement longtemps qu'elles ne peuvent plus se reproduire entre elles.

La question qui se pose n'est plus, par exemple celle de la disparition de Néandertal, mais simplement, toutes les *ad-mixtures humaines* ne sont-elles pas garantes de la survie de l'espèce humaine ? Et toutes les espèces archaïques n'ont-elles pas disparu, parce que trop anciennes et non miscibles avec les nouvelles *ad-mixtures* ?

En d'autres termes : l'homme de *Néandertal* a -t-il disparu parce qu'il n'a pas voulu, ou simplement pas pu se reproduire avec ses propres hybrides, parce que déjà trop distant génétiquement. Et une population qui stagne, puis se réduit est appelée tout simplement à disparaitre, comme les équipes dirigeantes de pharaons égyptiens d'origine caucasienne, Akhénaton, Toutankhamon, qui ne se mariaient plus qu'exclusivement entre frères et sœurs, et père et fille ?

Ne pouvons-nous encore nous reproduire dans nos différents sous-groupes statistiques et géographiques humains, que parce que nous ne sommes que des hybrides des espèces archaïques, des *ad-mixtures* évolutives en permanence ?

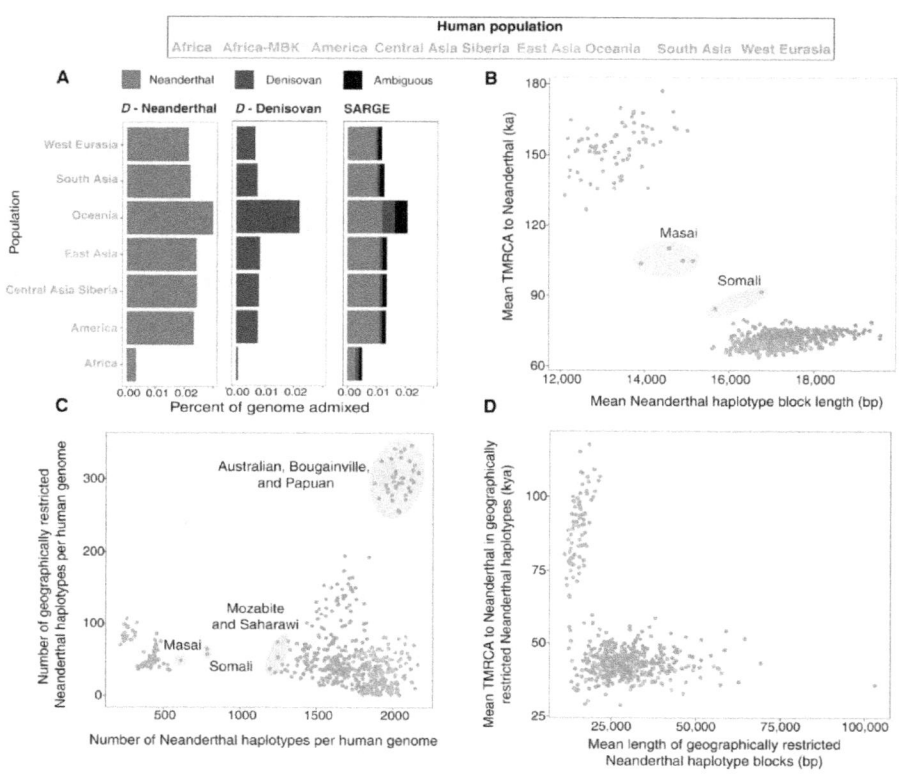

Interférence des ancêtres néandertaliens avec les populations modernes

Finalement Néandertal n'a-t-il disparu que parce qu'il n'était plus miscible avec tous les hybrides existant sur terre, *sapiens-Néandertal, Dénisova-Néandertal, Denisova-longi, Néandertal-homo erectus de Pékin, sapiens africain-espèce archaïque fantôme* (dont nous ne possédons à ce jour qu'une protéine de sa salive, MUC 7)[14] etc. et a-t-il assisté, impuissant au long déclin de sa population, aux confins de l'Europe ?

5. L'Archanthrope de Pétralona

C'est à ce moment de notre recherche qu'il faut évoquer l'*Archanthrope* de Pétralona.

De découverte déjà ancienne, *Archanthrope* avait échappé un temps à mes recherches. Et pourtant il est fondamental, cet homo archaïque, découvert en Grèce dans une grotte.

C'est dans cette même grotte, qu'ont été retrouvées en même temps que d'abord la partie supérieure de la tête d'*Archanthropus europaeus petraloniensis,* puis de son squelette, les plus anciennes traces de feu, par *Aris Poulianos* ; fondateur de la Société anthropologique de Grèce.

D'abord étiqueté *homo erectus*, il est maintenant admis que cet *Archanthrope* est un *homo heidelbergensis* d'environ *700 000 ans,* daté par la méthode de *l'uranium-thorium.*

Depuis, deux autres squelettes plus anciens d'environ 800 000 ans, ont été aussi retrouvés dans la même grotte.

La présence de ces squelettes, d'outils, et de traces de feu, démontre que l'Europe était déjà occupée à cette époque par des homininés, alors que l'on croyait, vers 1960, que ce n'était le cas que de l'Afrique.

Eu égard aux ressemblances morphologiques entre les *Homo heidelbergensis* et les *Néandertaliens*, Jean-Jacques Hublin, directeur du département *Évolution de l'homme* de l'Institut Max-Planck de Leipzig, en Allemagne. estime que le premier a probablement évolué il y a environ 450 000 ans pour donner progressivement naissance aux Néandertaliens.

Les analyses génétiques menées de 2013 à 2016 par l'équipe de *Svante Pääbo*, à l'Institut Max-Planck d'anthropologie évolutionniste à Leipzig (Allemagne), sur des spécimens de la *Sima de los Huesos*, à Atapuerca, en Espagne ont confirmé l'étroite parenté entre Néandertal et Dénisova.

Homo heidelbergensis pourrait alors être l'ancêtre commun à ces deux taxons, qui ont divergé il y a environ 744 000 ans.

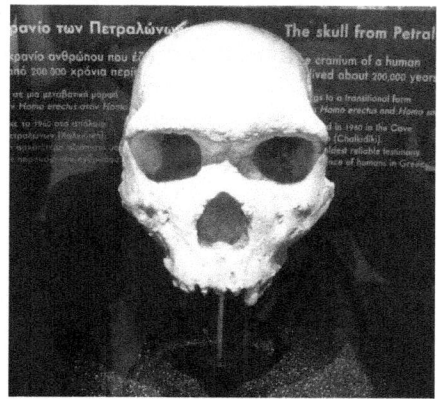

6. Les humains archaïques européens : Néandertal, Dénisova, sapiens (& homo longi)

Nous les avons déjà évoqués dans les chapitres précédents. Les trois humains qui vont nous intéresser en Europe sont :

1. *Néandertal* (homo néandertalensis)
2. *Dénisova (*homo denisovensis)
3. homo *sapiens*
4. auquel, il faut rajouter le récemment identifié en 2021 l'asiatique, *homo longi.*

On a longtemps cru que *Néandertal*, présent en Europe depuis environ 500 000 ans, peut-être plus, était un cousin archaïque et rustique, dont l'espèce était éteinte, jusqu'à ce que, en 2010-2015, *Svante Pääbo*, encore lui, de l'Institut Max Planck de Leipzig en séquence d'abord une partie, puis le génome complet[15].

A la surprise générale, on a tous découvert que :

Les humains archaïques Neandertal et Dénisova avaient les mêmes groupes sanguins que les hommes modernes [16] et que

les européens actuels possédaient entre 1,5 et 4 % de gènes complets néandertaliens

et jusqu'à 20% de gènes incomplets. Seuls les africains sub-sahariens ne possédaient pas de gènes néandertaliens du tout.

La surprise a continué quand on a découvert que cet ancêtre était à l'origine des yeux bleus, des cheveux roux, et qu'il avait transmis aux hommes modernes, les gènes du diabète, des maladies vasculaires, son système immunitaire, son émotivité, son goût pour l'art, les bijoux (en serres d'aigle) et la musique, la gravure des os de cerfs, la peinture sur stalagmites etc.

La liste est longue.

"Neandertal Emplumado" - © CESAR MANSO / AFP,

On sait maintenant, que cet humain apparu en Europe il y a entre 500 000 et 700 000 ans.

Il avait la peau claire, était roux, nous a transmis son système immunitaire et quelques gènes de maladies, dont l'obésité (qui le protégeait probablement du froid et de la famine), le stress, la pratique de rapports sexuels précoces (pour assurer la survie de l'espèce).

En effet, en 2018, une équipe de chercheurs constate ainsi qu'il a transmis à l'homo sapiens : des segments d'ADN impliqués contre des virus comme celui de l'hépatite C, et proches du VIH, et même le Papillomavirus, du cancer du col de l'utérus, ses humeurs et ses rythmes circadiens, un risque accru d'Accidents Vasculaires Cérébraux (AVC) et d'embolies (son hypercoagulation le protégeait du décès par hémorragie traumatique), ainsi un gène appelé *ADAMTSL3* qui influe sur le risque de schizophrénie, et qui influence la taille, encore chez ses descendants[17].

Les gènes qu'il a transmis à l'homme moderne l'ont aidé à survivre, et il avait un nez saillant et de larges sinus pour humidifier l'air froid et sec qu'il respirait en grande quantité, et avoir l'oxygène suffisant pour couvrir ses besoins énergétiques et mieux s'adapter au froid.

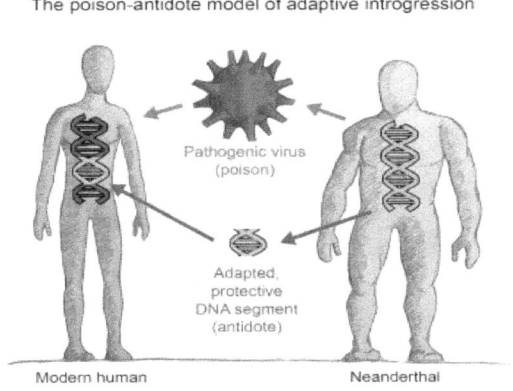

Dans une publication de la revue *Nature*[18], en s'appuyant sur des tomodensitogrammes, les chercheurs ont pu recréer virtuellement et en 3D le thorax d'un homme de Néandertal, retrouvé en Israël, mort 60 000 ans plus tôt.

La forme de la cage thoracique semble alors proposer un diaphragme plus grand que celui d'homo sapiens, permettant d'emmagasiner un maximum d'air. Il en ressort également que les Néandertaliens s'appuyaient davantage sur le diaphragme pour respirer (homo sapiens s'appuie sur diaphragme et sur une expansion de la cage thoracique).

Il semblerait par ailleurs – en témoigne la disposition des côtes qui se connectent à la colonne vertébrale vers l'intérieur – que Néandertal se tenait également plus droit que lui.

Un plus grand volume pulmonaire était donc essentiel pour alimenter les muscles en oxygène, de ces hommes plus massifs et plus musclés.

Néandertal était un humain intelligent, émotif, attaché à son loup, et artiste.

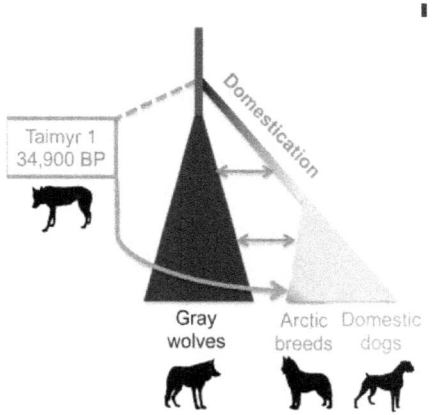

On sait maintenant qu' *homo néandertalensis* a apprivoisé le loup, en retrouvant en Sibérie des ossements de chien datant de 40 000 ans, et que ce chien-loup de Taïmyr, est aussi très proche génétiquement du husky retrouvé sur un site néandertalien en Belgique (grotte de Goyet)[19].

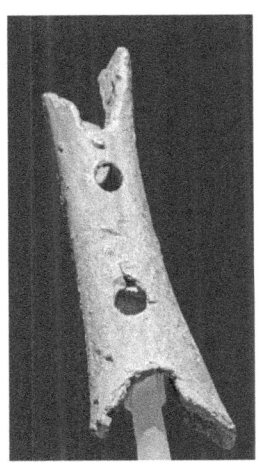

Flûte en os d'ourson des Cavernes de Divje Babe, Slovénie

Il a aussi inventé la flûte, à partir d'un os d'ourson des cavernes, bien que cette invention reste controversée, pour des raisons que nous pouvons expliquer. L'histoire de cette flûte, âgée de 43 000 ans, illustre bien la réticence de l'homme moderne, pendant des dizaines d'années, à reconnaître en lui un potentiel ancêtre.

Ce ne furent que les découvertes simultanées de la proximité de l'ADN des Néandertaliens et de sapiens et les datations à l'*uranium-thorium* qui rendirent il y a à peine quelques années justice à ce glorieux et honorable ancêtre de tous les Européens, dont le spécimen le plus ancien à bien l'air d'être l'*Archanthrope grec de Pétralona* jusqu'à nouvel ordre.

Là encore, il est important de noter les erreurs transmises d'années en années, sur plusieurs générations, par des scientifiques auxquels je ne ferai pas l'injure de penser qu'ils pussent être malhonnêtes, mais dont je pense qu'ils ont peut-être été aveuglés par leur croyances, comme celle de la théorie « *Out of Africa* », ou celle de la rusticité de *Néandertal* et de sa flûte de Divje Babe.

De même les *Indo-européens* ne furent pas originaire d'Inde mais voyagèrent jusqu'en inde, ainsi que le montrent leurs *Haplogroupes actuels (R1b)*[20] et l'ont montré les datations au *radiocarbone* de jean Deruelle [21]. C'est la raison pour laquelle dans mes ouvrages, je préfère m'en tenir à L'ADN et les appelle *« peuples caucasiens »*.[22]

Néandertal est aussi l'auteur de la première gravure connue au monde, de la *grotte de Gorham* (Gibraltar)[23]. Cette gravure, en forme de *multi-hashtag* se rapproche aussi du hashtag des 32 symboles retrouvées dans les grottes européennes par la paléoanthropologue *Geneviève Von Petzinger*[24], et de la croix gammée porte-bonheur des Indiens (d'Inde), sans oublier celle de sinistre réputations du IIIe Reich. De façon très étonnante, cette potentielle marque de clan, probablement la première du monde, est encore un outil incontournable de communication dans notre monde actuel, plus que jamais, puisque c'est le *hashtag* actuel qui indique les références dans de nombreuses applications sociales telles que twitter, et tous les blogs.

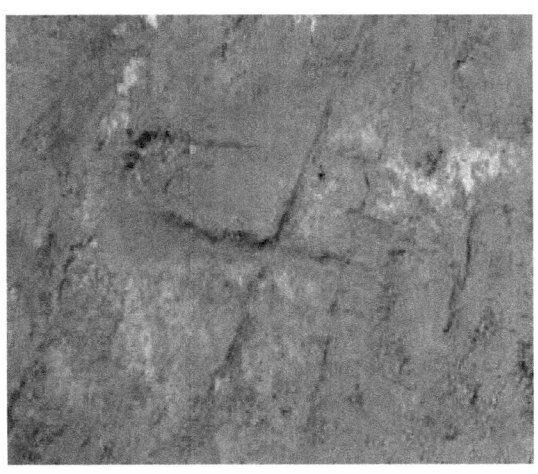

Gravure néandertalienne, Gibraltar, datant de 40 000 ans,

Nous ne pouvons que conclure que le pouvoir symbolique d'un tel signe est immense, puisque les hommes archaïques et modernes lui ont gardé presque sa signification de référence (identité et source) tout en l'adaptant au cours de leur histoire commune.

On ne saura jamais totalement ce qu'avait en tête l'homme de Gorham quand il le grava, il a 40 000 ans dans sa caverne, ni les populations nordiques qui voyagèrent jusqu'en Inde, nous allons le voir au chapitre suivant, en lui transférant un pouvoir de porte-bonheur. Si l'on s'en tient à nos émotions, il est indubitable que lorsque l'on est loin de chez soi, le bonheur est peut-être la référence à son lieu d'origine, dont on reste malgré tout nostalgique.

Le travail des paléoanthropologues et des archéologues est bien difficile, car si l'on croit deviner la signification d'un symbole, on la perçoit malgré tout avec nos émotions originelles, biaisées par notre modernité et notre si différent mode de vie. Il faut donc rester toujours prudent dans nos interprétations. Et si je suis sûre de nos méthode scientifiques de datations actuelles et de cet immense outil de connaissance qu'est l'ADN, toutes mes interprétations restent sujettes à caution, et peuvent toujours être modifiées.

Néandertal fabriquait des bijoux en serres d'aigle percées, retrouvés dans la *Grotte du Renne* (France), en coquillages percés et peints de couleurs composées à la *Cueva de los Aviones* (Espagne), et enterrait ses morts en les recouvrant d'ocre désinfectant, au milieu de fleurs.

Cet humain méditait au coin du feu ou dans la nature.

C'était aussi un être attentionné, qui soignait les siens, de même que ses maux de dents avec l'*aspirine* contenue dans les bourgeons de peupliers, et de la *pénicilline* issue de moisissures, comme l'étude de la plaque dentaire de la mâchoire de l'homme *d'El Sidron* (Espagne) a pu le démontrer [25].

Il prenait soin des membres de son clan affaiblis, malades ou handicapés, et les gardait en vie avec lui, malgré parfois de très lourds handicaps, blessures de chasse, incapacité motrice, cécité, etc. On avait retrouvé des squelettes très amochés, qui avaient consolidé, et vécu très longtemps encore.

Après lui avoir attribué les premières gravures rupestres connues, et découvert qu'il avait aussi inventé le premier "pense-bête", retrouvé en Crimée, dans la *grotte de Kirk-Koba*. la communauté scientifique internationale reconnaît qu'il est aussi le premier artiste de l'humanité, il y a 64 000 ans, et l'auteur de peintures à l'ocre, et d'un animal violet, retrouvées à *la grotte d'El Castillo* (Espagne), dans lesquelles on peut aussi reconnaître certains des 32 Symboles retrouvés dans les Cavernes Européennes depuis 30 000 ans par *Geneviève Von Petzinger*.

Son grand point négatif, (en fonction de nos valeurs

modernes), qui l'a probablement beaucoup desservi, c'est la découverte de son cannibalisme, probablement rituel, par des traces laissées sur des os humains. Il mangeait ses ennemis, peut-être pour engloutir leur courage et leur force.

Ingénieux, Néandertal utilisait des *oxydes de manganèse* comme accélérateurs de flamme, qu'il transportait sur lui, un peu comme un briquet.

On découvre en même temps que l'homme de Néandertal était un être intelligent, doué de sociabilité, d'humour, d'émotions, d'habileté et de réflexion.

Arrive le mystère de sa disparition dont nous avons déjà parlé. J'ai tout vu, tout lu, tout entendu, toutes les hypothèses les plus folles, du cataclysme (dont aucune trace n'est jamais retrouvée) aux maladies.

Si la chasse à l'homme, par un homo sapiens prédateur, est étonnamment absente des thèses de nos chercheurs, parce qu'intellectuellement non correcte, et bien qu'elle soit tentante, par le fait que l'on ne retrouve jamais, dans aucune grotte, de traces d'habitation par les deux espèces en même temps, il est peu probable que l'ingénieux et redoutable *Néandertal* se soit laissé chasser et ait été vaincu.

Mon opinion personnelle, est que les fiers néandertaliens, moins nombreux que les sapiens, mais non vaincus, ont refusé de s'hybrider avec lui, écœurés par ses méthodes d'envahissement de la nature, se seraient repliés, repoussés aux limites de leur territoire par cette impossibilité (d'abord morale puis ensuite peut-être physique à s'hybrider avec les autres hybrides d'homo sapiens et de lui-même ; ou d'autres familles d'hybrides, dont tous les Européens actuels sont les descendants.

Il a été confirmé que les Européens mésolithiques d'Espagne et du Luxembourg possédaient la *mutation HERC2* pour les yeux bleus qui se retrouve aussi dans les régions d'Asie peuplées par les locuteurs proto-indo-européens appartenant aux lignées paternelles *R1a et R1b*, qui portaient des lignées paternelles très différentes des Européens du *Mésolithique (Y-Haplogroupes C, F, K et I)*, et ne partageaient que quelques très vieilles lignées maternelles, comme les *Haplogroupes U4 et U5,* leur mutation HERC2 aurait pu être transmise par deux groupes différents de *Néandertaliens* à des tribus distinctes *d'Homo sapiens* au cours du Paléolithique supérieur ou par un ancêtre commun.

En avril 2017, la découverte d'os de mammouth brisés par une main humaine, par des chercheurs du Museum d'histoire naturelle de San Diego, USA, *130 000 ans avant Christophe Colomb*, permet de penser que les premiers américains pourraient être des hommes de Néandertal, arrivés en bateau par le détroit de Behring.

Si pour Yves Coppens, les Européens ne sont que des africains décolorés, les scientifiques chinois ne le voient pas du même œil :

La découverte en 2007 et 2014, de crânes humains d'un *hybride de Néandertal chinois*, et de l'homme de Pékin, (*homo erectus Pekinensis*) datant de *105 à 125 000 ans*, à *Xu Chang*, (Chine) pouvait déjà renforcer la pensée de l'origine européenne ou eurasiatique de l'humanité.

Cette publication a été confirmée par la toute récente découverte en 2018 de 96 outils de *deux millions d'Années* à *Shangchen* (plateau de Loess) en Chine, qui interroge encore sur l' hominiré qui les a fabriqués. Les scientifiques évoquent maintenant une « *nébuleuse d'apparition de l'homo sapiens* ». Nous sommes donc ici très loin de la linaire théorie « *Out of Africa* » d'Yves Coppens. Et nous pouvons donc revenir tranquillement au modèles actuels de *Rasmus Nielsen et d'.Ulfur Arnason*.

En 2014, *Maanasa Raghavan* et ses collaborateurs évoquent un eurasien sibérien, connu comme étant le plus ancien moderne connu, vivant il y a 24 000 ans. La résultante de toutes ces admixtures serait d'Haplogroupe majoritaire Y-DNA R1[26].

D'après le site Eupédia, les *Haplogroupes* (voir définition plus loin dans le chapitre consacré.) *Y-ADN I* possèdent dans leur patrimoine génétique la plus grande proportion génétique d'homme de *Neandertal*, vu que selon l'hypothèse actuellement en vogue, ils seraient issus des premiers hommes sapiens arrivés en Europe, et se seraient hybridés avec les Néandertaliens[27].

Sur un forum Eupédia, une personne parle d'un Y-DNA originel néandertalien appelé *A00*, une autre, d'une étude scientifique de 2011 mettant en évidence un haplotype étendu *mitochondrial B006 néandertalien*.

On peut donc se représenter le trajet parcouru par les descendants de cette femme néandertalienne.

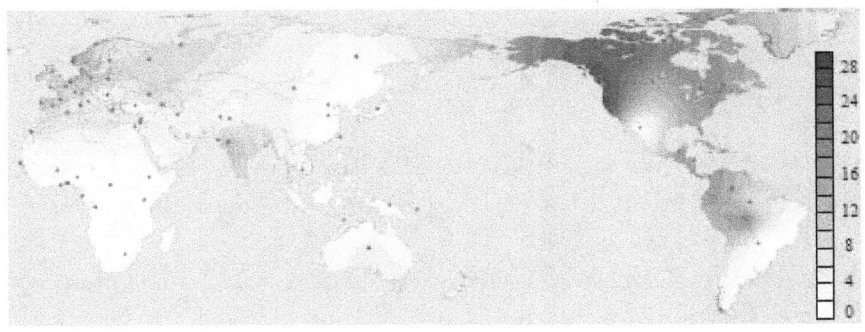

Répartition de X-DNA B006, Eupédia

Famille néandertalienne et son chien.

Ce que l'on sait de *l'homme de Dénisova* est beaucoup plus récent, puisqu'il est découvert en 2010, et que l'on en possède en 2019, que très peu d'éléments, de cinq individus au monde, dont une dent, une mâchoire, une phalange, et un fragment de demi-crâne. Mais on peut juste noter qu'il est trapu, de grande taille, de très grande taille même[28]. On aimerait bien avoir un squelette complet pour savoir à quel point.

On sait qu'il aimait lui aussi les bijoux et les fabriquait en coquillages, et vivait il y a *160 000 ans* sur le plateau tibétain.

Pour cet ancêtre archaïque et d'espèce toute aussi éteinte, (de territoire plutôt asiatique, mais qui n'a pas hésité à voyager à l'ouest jusqu'en Sibérie), tout reste encore à découvrir.

Et puis nous connaissons tous *homo sapiens*, notre espèce. On a d'abord cru qu'il était arrivé récemment d'Afrique il y a 80 000 ans. Maintenant si l'on regroupe les travaux internationaux (y compris chinois) c'est beaucoup plus complexe. *Sapiens* a bien migré, il y a bien plus longtemps, environ 200 000 ans, mais probablement de partout, en constituant une énorme « *nébuleuse d'apparition.* »

En résumé, les Européens sont des *hybrides de sapiens*, majoritairement *hybridés* avec *Néandertal*, et les asiatiques, avec *Néandertal et Dénisova* (en toute petite proportion environ 0,5 %).

D'après les auteurs allemands, du début des années 1900, *A. Penck et E. Brückner*[29], la dernière grande glaciation aurait duré de -110 000 ans à – 10 000 ans (approximativement). Ses températures les plus froides auraient été atteintes il y a environ 22 000 ans. Le niveau de la mer aurait baissé de 120-130 mètres, et les populations humaines se seraient réfugiés dans des zones protégées ou « refuges ».

Et puis, il y a *homo longi*, l'homme-dragon asiatique. Son crâne, découvert à Harbin, en Chine avait passé 70 ans dans une université, avant que les chercheurs ne se décident à l'examiner vraiment. Si je le cite ici, c'est que nous ne sommes pas au bout de nos surprises, et qu'il est plus proche des humains modernes que les hommes de *Néandertal*[30]. Il est donc possible que dans les années qui viennent nous puissions lui trouver une place dans la nébuleuse d'évolution européenne.

Vue d'artiste du Dragon Man dans son environnement. © *Chuang Zhao*

7. Les Géants et leurs hybrides

De ce que l'on a déduit des nombreuses *ad-mixtures* lors de l'évolution de L'ADN du chromosome Y des nombreux groupes humains existant à ce jour, les rencontres entre les *homo sapiens* et leurs homologues archaïques *Néandertal* et *Dénisova* furent répétées et innombrables sur environ 200 000 ans. Il est donc difficile d'imaginer qu'il n'en est rien resté dans l'imaginaire collectif.

Plus le temps passe, et plus l'on s'aperçoit que les récits mythiques ont beaucoup plus de liens avec la réalité archéologique que l'on ne le croyait. Par exemple, je me suis aperçue que l'on pouvait, pour l'ADN du chromosome Y, transmis de père en fils, dans la population juive, qui s'hybride assez peu avec le reste de la population, le corréler à au moins deux noms de famille, les Levy et les Cohen.

Pour ce qui est de l'ADN mitochondrial, transmis de mère en fille, de nombreuses femmes ashkénazes descendent uniquement de 3 femmes identifiées (voir l'Haplogroupe K).

Or il existe bien un livre de référence, *l'Ancien testament*. Et ce livre parle ans la Genèse de la rencontre des hommes avec les Géants.

Mais jamais, dans aucune tombe, à ce jour, à ma connaissance, il n'a été retrouvé d'humain de taille exceptionnelle. Il faut donc chercher une autre explication logique.

Il a récemment été retrouvé dans la *grotte de Denisova*, le ossements d'une jeune fille hybride de *Néandertal* et *Denisova*.

Il n'est donc pas exclu que les pseudo « géants » aient juste été des humains archaïques hybridés de grande taille (Dénisova prédominant).

Nous n'avons pas encore découvert toutes les espèces d'humains archaïques qui cohabitaient avant la colonisation des homo-sapiens et de leurs hybrides qui a été totale à partir d'il y a 40 000 ans environ.

A partir d'ici, la théorie exposée m'est uniquement personnelle. C'est une hypothèse de travail, constituée de déductions logiques.

Et si les Géants des Mythes étaient des *Néandertaliens* hybridés avec le grand *Dénisova* ?

En effet, le peu d'éléments retrouvés de *Dénisova* nous évoque, vu la taille de sa dent, un être de très, très grande taille.

Et les dieux antiques, leurs *hybrides* avec les humains (sapiens), les premiers Hyperboréens, arrivés de la terre mère mythique hyperboréenne, en fait le grand nord, pays de *Néandertal* et le grand est de *Dénisova* ?

Ce n'est pas si fantasmagorique que cela. *Dénisova*, ou un hybride de *Néandertal et Dénisova* avait de quoi impressionner. Il devait être grand, immense, tout en muscles, et se tenir droit, par rapport au maigrelet *sapiens* fraîchement arrivé de ses terres eurasiatiques et plus petit. Car les sapiens étaient bien moins grands que de nos jours, où ils mangent à leur faim, en Europe, et sont soignés correctement, ont de la *vitamine D* dès le début de leur vie etc.

Comme *sapiens* a dû être impressionné par la force et la prestance de Dénisova ou de l'hybride Néandertal-Dénisova !

Dans quasiment la totalité des cultures, les *Géants* sont primordiaux, et élémentaires (feu, océan, eaux douces, vent, glace, etc.) De nombreux mythes fondateurs nous racontent que, de la rencontre de Géants avec des terriennes, sont nés les dieux. Et si les dieux étaient les *grands ancêtres fondateurs*, ceux qui marquent la légende, en quelque sorte les grands chefs de famille ? Les exemples ne manquent pas :

1. Dans la mythologie nordique

Les Géants Jötunn personnifient les forces de la nature, dotées d'une force impressionnante. Ils sont les fils d'Ymir, le géant hermaphrodite des origines. Odin est le fils de Bor (le vent du Nord) et de la géante Bestla, il a pour frères Vili et Vé.

La géante Bestla mère d'Odin

Loki est le fils d'un couple de géants, donc un géant de

naissance qui passe du côté des *Ases* (les dieux),

D'après les *Eddas*, Thor (dieu du Tonnerre) est le fils du dieu souverain Odin et de la personnification de la Terre Jörd. Avec sa maîtresse, la géante Járnsaxa, il a Magni.

2. Dans les légendes arthuriennes

L'Angleterre était initialement le Royaume de l'Ogre.

Quel ancien humain était cannibale ? Néandertal !

Et de grande taille ? Dénisova !

3. Dans la mythologie grecque

Existent d'abord *les Titans*, les Géants primordiaux, et leur combat contre les dieux ou Titanomachie menée par Cronos, face à Zeus allié aux Hécatonchires (aux multiples bars et têtes) et aux *Cyclopes* (géants à l'œil unique) .

On sait de nos jours, qu'une plante américaine, le lys des montagnes rocheuses, contient un puissant alcaloïde, la *cyclopamine*, capable d'entraîner des malformations importantes chez le petit de l'animal gestant qui la mange (brebis). Les Américains ont vu naître des moutons cyclopes. Ils utilisent le principe actif de cette plante comme chimiothérapie anti-cancéreuse, qu'ils synthétisent maintenant artificiellement.

Donc les cyclopes ont bien pu exister dans les montagnes de Grèce, où poussait peut-être autrefois ce genre de lys toxique.

Puis dans un deuxième temps, est racontée la

Gigantomachie (ou « combat contre les Géants »), les Géants, fils de Gaïa (la terre) et d'Ouranos (la pluie) affrontent les dieux.

Géants et Titans habitaient le Tartare (le monde primordial).

A noter que la *Tartarie* à travers le temps a couvert la Sibérie, le Turkestan, la Mongolie, la Mandchourie et quelquefois le Tibet, qui d'après les Chinois, pourraient être les zones primordiales d'apparition des hominidés, en particulier *Dénisova*, dont on retrouve justement en 2019, un spécimen habitant les hauteurs tibétaines, il y a 160 000 ans.

Prométhée et l'aigle

Et puis, il y a cette légende qui se rapproche justement de nos données archéologiques. Vous vous souvenez de l'*Archanthrope* de Pétralona, en Grèce, un *homo heidelbergensis* ? Celui dont la grotte contient les plus anciennes traces de feu du monde ? Et c'est justement de Grèce que nous vient la légende de Prométhée et du vol du feu.

Après la victoire des nouveaux dieux dirigés par Zeus sur

les Titans, Prométhée, un titan se rend sur le char du Soleil avec une torche, dissimule un tison dans une tige creuse de férule commune et vole le « feu sacré » pour le donner à la race humaine. Son châtiment sera d'être enchaîné et de se faire ronger le foie par un aigle. Il sera délivré par Hercule lors de ses douze travaux.

4. Dans la Bible (Genèse)

Les *néphilims*, (hébreu : הנפלים) sont des Géants antédiluviens, fruits de l'union entre « fils de Dieu » (des anges) et des femmes. Ils sont connotés négativement, ainsi que de nombreux autres Géants, les Anachims (équivalents des Annunakis sumériens), ou les Patagons.

Goliath est le Géant le plus célèbre de la Bible. Cependant, en dehors de l'allusion à sa taille extraordinaire, rien dans le texte biblique ne l'associe aux néphilims. Goliath est le champion des Philistins (les peuples nordiques = peuples de la mer), arrivés n Palestine) vaincu par David, qui deviendra roi des juifs.

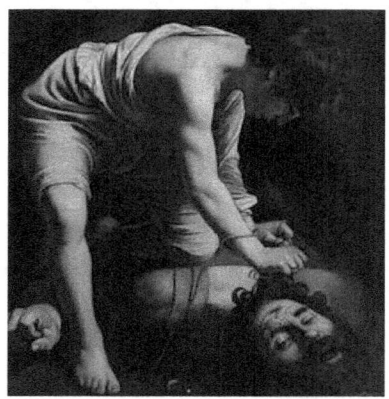

David et Goliath, Le Caravage

Notons que dans la Bible, les Géants sont toujours malfaisants, veulent créer le chaos et perdent tous leurs combats contre les humains.

L'homme est aussi coupable d'*Hybris* (hybris du grec ancien ὕβρις), une notion qui se traduit souvent par « démesure ». C'est un sentiment violent proche de l'orgueil. Dans la Grèce antique, l'hybris était considérée comme un crime (voies de fait, agressions sexuelles, vol de propriété publique ou sacrée).

C'est la tentation de démesure ou de folie imprudente des hommes, tentés de rivaliser avec les dieux.

Et puis reste cette notion permanente d'hybridation entre des Géants et des humains. Dans toutes les cultures.

On ne peut s'empêcher de penser aux hybridations entre Néandertal le fort, Dénisova le très grand, et sapiens le véloce, et de voir le lien original que nous restitue maintenant, depuis moins d'une dizaine d'années, la paléogénétique.

8. Les Haplogroupes

Depuis plus d'une vingtaine d'années le *projet génographique[31]* étudie les grandes migrations humaines par l'ADN des peuples, et localise les génomes résiduels et les admixtures en élaborant une cartographie.

L'*Haplogroupe* est l'ensemble de tous les humains ayant le même génome, (ADN) et donc un ancêtre commun, susceptibles de faire partie du même clan.

Dans l'étude de l'évolution moléculaire, un Haplogroupe est un grand groupe d'haplotypes.

En génétique humaine, les Haplogroupes étudiés généralement sont des Haplogroupes du chromosome Y (ADN-Y) et des Haplogroupes de l'ADN mitochondrial (ADN mt).

L'ADN-Y suit la lignée patrilinéaire, transmise de père en fils, alors que *l'ADN mt suit seulement la lignée matrilinéaire*, transmise de mère en fille.

Les hommes disposent des deux types de marqueurs génétiques (ADN mt de la mère et ADN-Y du père). Les femmes n'en possèdent qu'un seul type : l'ADN mt de la mère.

> Les Haplogroupes représentent donc les différentes tribus humaines et indiquent l'origine et les migrations de nos ancêtres.

Je ne peux que rendre un immense hommage au site Eupédia, une base de données scientifiques sur les Haplogroupes régulièrement mise à jour, que je cite au fil des pages qui vont suivre, dont on trouve les références dans les notes numérotées.

Nous ne citerons dans cet ouvrage que les Haplogroupes européens originels, ceux qui naissent en Europe *et* perdurent en Europe, au fil du temps et des cultures européennes.

Pour l'ADN-Y, nous ne ferons que survoler de temps en temps l'*Haplogroupe G des fermiers du néolithique* qui importent l'agriculture et la notion de richesse avec ses inégalités, originaire du Moyen-Orient, et les *Haplogroupes J sémites*, dont on pense maintenant qu'ils prennent peut-être naissance dans le Caucase mais diffusent largement hors des frontières d'Europe.

Par contre nous aborderons un peu *l'Haplogroupe G* avec le chapitre sur *l'Haplogroupe mitochondrial K, et Ötzi, l'homme des glaces*, et nous retrouverons les *Haplogroupes J* tout au cours de l'ouvrage, car on les retrouve toujours accompagnant les autres Haplogroupes d'ADN-Y, en particulier chez les *Cavaliers Yamna*.

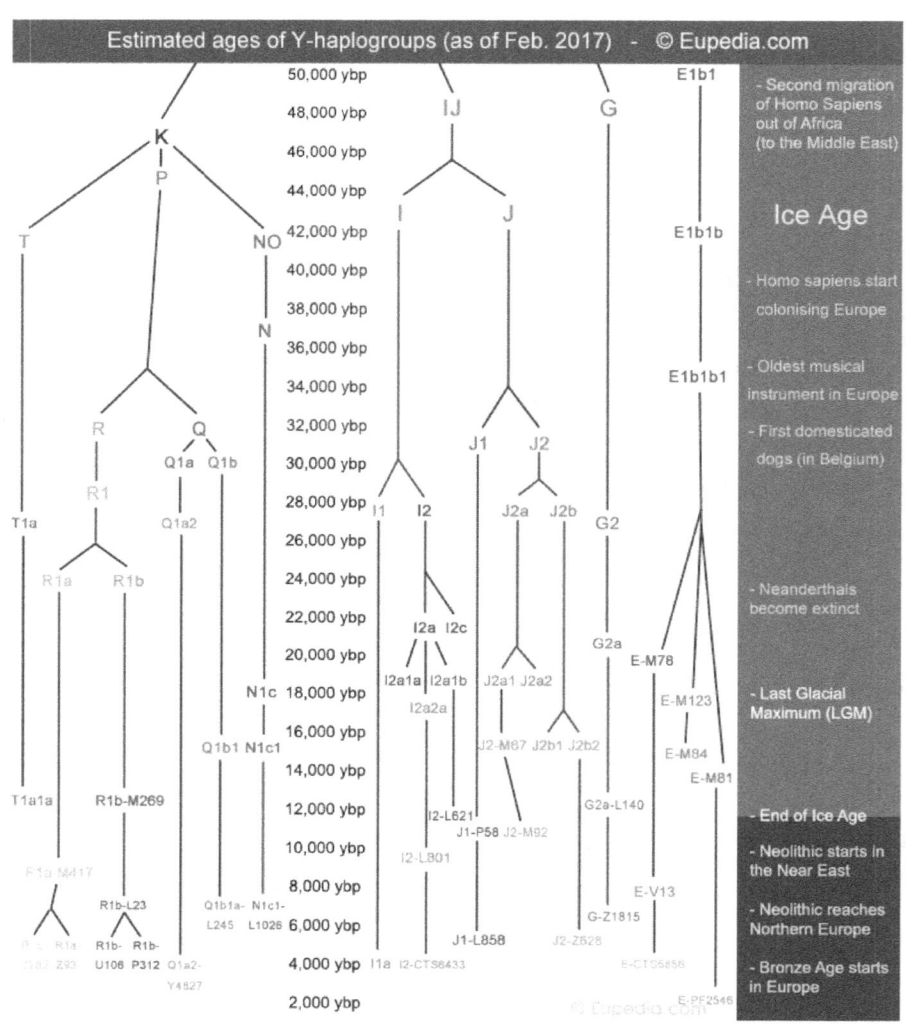

Voici donc ici l'arbre phylogénétique des Haplogroupes Y-DNA (transmis par la lignée paternelle) d'après le site internet de référence *Eupédia* [32] pour s'y repérer dans les lettres, les branches et la date d'apparition :

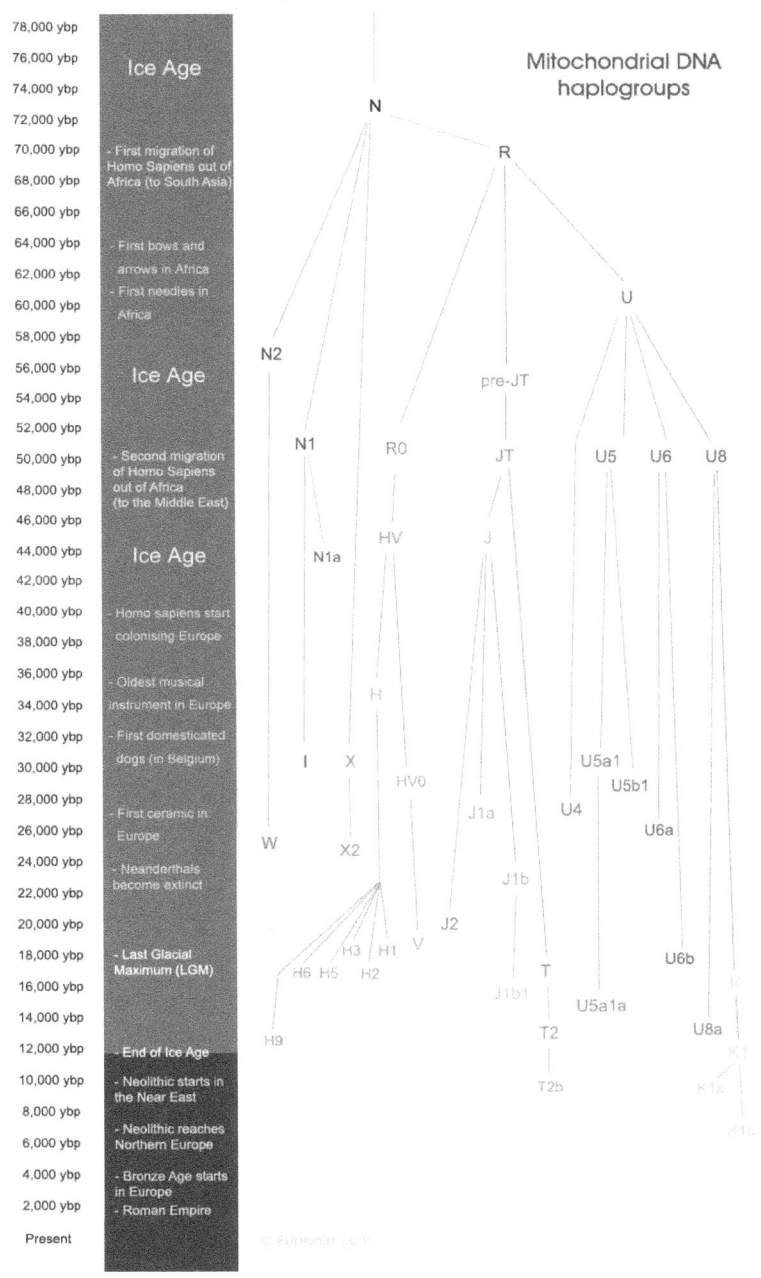

Pour les *Haplogroupes mitochondriaux* (transmis par la lignée maternelle), c'est plus complexe, car à la fois il existe plutôt une répartition locale, les hommes ayant tendance à choisir des femmes sur place, mais elles peuvent aussi être déplacés par leur union. Et l'on les associe plutôt aux l'Haplogroupe Y-DNA par culture (par découverte archéologique)[33].

Voici le tableau des principales répartitions par culture[34] :

Haplogroupes Paléolithiques Y-ADN par période chronologique
- Proto-Aurignacien (47,000 to 43,000 years before present; Europe de l'est): F
- Culture de l'Aurignacien (43,000 to 28,000 ybp ;toute l'Europe sans glace): CT, C1a, C1b, I
- Culture du Gravettien (Dordogne) (31,000 to 24,000 ybp ; toute l'Europe sans glace): BT, CT, F, C1a2
- Culture du Solutréen (Saône et Loire) (22,000 to 17,000 ybp ; France, Espagne): ?
- Culture de l'Epigravettien (22,000 to 8,000 ybp ; Italie): R1b1a
- Culture du Magdalénien (17,000 to 12,000 ybp ; Europe de l'ouest): IJK, I
- Epipaléolithique France (13,000 to 10,000 ybp): I
- Culture de l'Azilien (12,000 to 9,000 ybp ; Europe de l'ouest): I2

Haplogroupes Paléolithiques mitochondriaux par période chronologique

- Proto-Aurignacien (47,000 to 43,000 years before present; Europe de l'est): N, R
- Culture de l'Aurignacien (43,000 to 28,000 ybp ; toute l'Europe sans glace): M, U, U2, U6
- Culture du Gravettien (Dordogne) (31,000 to 24,000 ybp ; toute l'Europe sans glace): M, U, U2'3'4'7'8'9, U2 (x5), U5 (x5), U8c (x2)
- Culture du Solutréen (Saône et Loire) (22,000 to 17,000 ybp ; France, Espagne): U
- Culture de l'Epigravettien (22,000 to 8,000 ybp ; Italie): U2'3'4'7'8'9, U5b2b (x2)
- Culture du Magdalénien (17,000 to 12,000 ybp ; Europe de l'ouest): R0, R1b, U2'3'4'7'8'9, U5b (x2), U8a (x5)
- Epipaléolithique France (13,000 to 10,000 ybp): U5b1, U5b2a, U5b2b (x2)
- Epipaléolithique Allemagne (13,000 to 11,000 ybp): U5b1 (x2)
- Culture de l'Azilien (12,000 to 9,000 ybp ; Europe de l'ouest): U5b1h

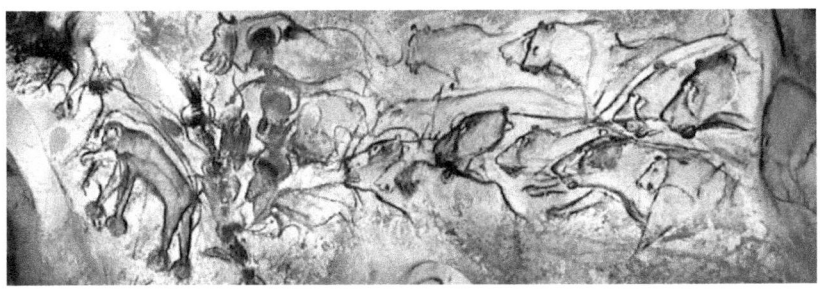

La grotte Chauvet (Ardèche, Aurignacien)

10. Le problème de l'Adam génétique et de l'Eve mitochondriale

S'il est un exemple qui illustre bien le dogmatisme de la Science officielle génétique c'est justement celui des concepts d'Adam et d'Eve génétiques, les plus anciens ancêtres communs génétiques des hommes et des femmes modernes.

Soit une notion non pas de génétique des populations, mais une notion issue de la généalogie génétique individuelle appliquée au plus grand nombre. Et nous allons voir qu'il s'agit bien de concepts totalement surréalistes, tirés quasiment de *la Bible*, qui relèvent malheureusement plus directement de la croyance ou de la foi, que de la démonstration logique.

En effet, à la fin des années 80, l'avènement de la génétique moléculaire avait vu émerger une théorie selon laquelle les humains modernes descendraient tous d'une seule femme, l' « *Eve mitochondriale* » qui aurait vécu en Afrique, il y a 100 à 200 000 ans.

Elle serait la plus récente ancêtre matrilinéaire commune, par lignée maternelle de l'humanité.

En première approximation, elle est la dernière femme dont les mitochondries ont engendré les mitochondries de tout humain actuel : les *mitochondries* sont des organites cellulaires qui ne sont transmis que par l'ovule de la mère ; seuls de très rares cas de transmission d'ADN mitochondrial par le père ont été rapportés.

En tenant compte de la vitesse de mutation (concept de l'*horloge moléculaire*), dans cet ADN mitochondrial, les calculs laissaient penser que l'Ève mitochondriale avait vécu il y a quelque 150 000 ans.

La phylogénie suggérait qu'elle aurait vécu en Afrique orientale (aujourd'hui Éthiopie, Kenya ou Tanzanie).

Le pavé avait été jeté dans la mare, par un article de la prestigieuse revue *Nature* corédigé par R.L. Cann, M. Stoneking, A.C. Wilson[35].

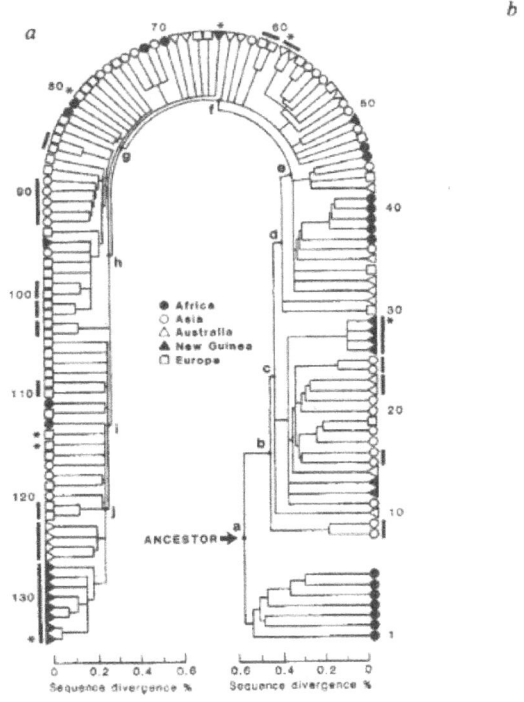

Arbre phylogénétique, Mitochondrial, DNA and human evolution 1987, L'Eve mitochondriale

L'étude était réalisée sur un tout petit échantillon de 147 femmes et les résultats montraient que les 147 ADN mitochondriaux féminins pouvaient être divisés en 133 types, classés en sept sous types, les Haplogroupes.

Ils semblaient tous résulter d'une même origine et il existait une véritable séparation entre le lignage originel et les sous-groupes actuels.

Puis le biologiste anglais Bryan Sykes, professeur à Oxford, leur donna leur nom définitif, dans son essai : *"Les sept filles d'Eve"* [36].

L'étude s'achevait avec la description de sept lignées aboutissant à sept femmes originelles, poétiquement baptisées *Ursula* (Grèce), *Xénia* (Caucase), *Héléna* (Pyrénées), *Velda* (Cantabrie), *Tara* (Toscane), *Katrine* (Vénétie) et *Jasmine* (Syrie), datant de 8 000 à 45 000 ans.

Cependant ces travaux n'avaient pas fait l'unanimité scientifique.

Pour J.F. Ayala, qui publia quelques années plus tard, en 1995, un article dans la revue Science[37], l'existence d'une "Eve unique relèverait du mythe car les gènes DRB1 du système immunitaire humain sont extrêmement polymorphes, avec des lignées de gènes qui fusionnent en un ancêtre commun, qui vivait il y a environ 60 millions d'années, une époque avant la divergence des singes des singes de l'Ancien Monde.

La théorie de la coalescence des gènes suggérait que, tout au long des 60 derniers millions d'années, les populations ancestrales humaines avaient une taille effective de 100 000 individus ou plus. Ce qui n'était qu'une pure hypothèse.

Les données sur l'évolution moléculaire ne prouvent pas un goulot d'étranglement de la population avant leur émergence.

Il y aurait, en fait, eu une multitude d'individus et d'espèces différentes.

L'hypothèse mitochondriale d'Eve émane donc d'une confusion entre les généalogies génétiques et les généalogies individuelles.

En ce qui me concerne, je pense que cette théorie était originale, pour la généalogie des individus, par la découverte des sept Haplogroupes féminins,

mais qu'elle n'est pas applicable en matière de génétique des populations, ou les *ad-mixtures* sont nombreuses,

et qu'on peut aussi émettre l'hypothèse qu'il y aurait eu plusieurs femmes originelles, réparties à la surface du globe, au cours du temps, dont les femmes africaines seraient aussi des descendantes, en un lieu donné, l'Afrique, et que leurs lignées, voisines primitives auraient pu s'éteindre, de la même façon que les lignées intermédiaires.

Car oui, qui était la mère de cette "*Eve*" africaine ?

Et pourquoi cette mère aurait-elle absolument été originaire d'Afrique ?

La Création d'Adam par Michel-Ange, plafond de la chapelle Sixtine, au Vatican

Pour ce qui est de l'ADN -Y masculin, en 2003, le généticien Spencer Wells avait conclu de son analyse de l'ADN-Y de personnes dans plusieurs régions du monde que tous les hommes actuels étaient les descendants d'un homme qui aurait vécu en Afrique il y a environ 60 000 ans.

Ce fut le plus récent ancêtre patrilinéaire commun, aussi nommé « *Adam Y-chromosomique* », le dernier ancêtre agnatique (en ligne paternelle exclusive) commun à tous les hommes actuels.

Il le nomma *l'Adam génétique* et vulgarisa ainsi les Haplogroupes du chromosome Y.

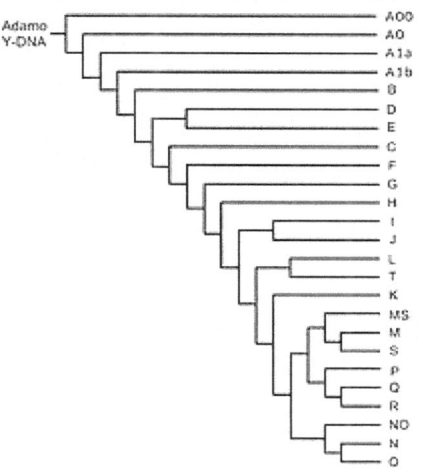

Phylogénie de l'Haplogroupe A du chromosome Y

En 2011, Fulvio Cruciani et son équipe purent calculer, par la diversité de l'ADN du chromosome Y, que le plus récent ancêtre patrilinéaire commun daterait d'environ 140 000 ans [38].

Mais il existait un biais de taille : Cette étude avait été réalisée sur des sites du chromosome Y mâle humain, exclusivement des *sous-clades africaines A1, A2, A3 et BT.*

Elle avait pris comme postulat de base, que l'humain *A0* était le premier mâle connu, il y a 140 000 ans, et qu'il était originaire d'Afrique.

Mais quid de son père ?

Qu'est ce qui nous dit qu'il ne s'agissait pas déjà il y a 140 000 ans, (ce qui n'est qu'hier, à l'échelle du monde et de l'humanité), déjà d'une *ad-mixture* de plusieurs espèces archaïques, pas forcément d'origine africaine ? Ou d'un premiers africains qui avait émigré pour « *introgresser* »[39] le génome d'hybrides eurasiatiques d'espèces plus archaïques, comme par exemple les derniers Néandertaliens.

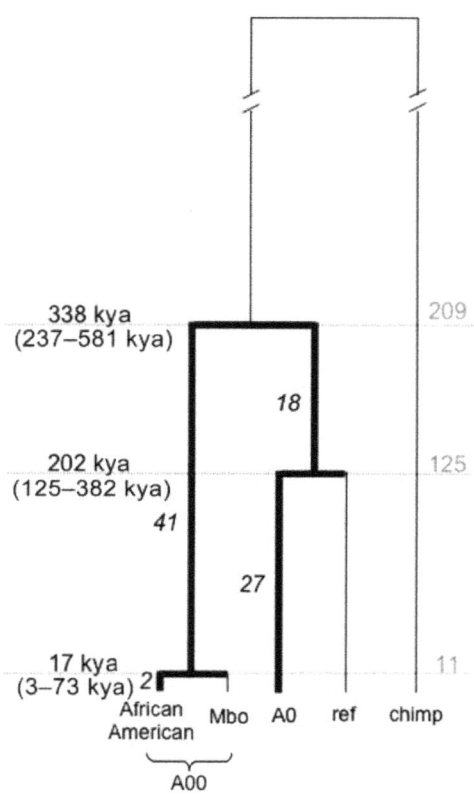

Figure 1. Genealogy of A00, A0, and the Reference Sequence,

Encore plus tard, en 2013, Fernando Mendez intégra de plus, dans son calcul, le chromosome Y d'un rare Haplogroupe originaire d'une région du Cameroun, et reportait ainsi l'âge du *PRAC-Y* (Plus récent ancêtre commun Y ou Adam Y-chromosomique) à 338 000 ans [40].

Ce très rare Haplogroupe nommé *lignée A00* avait été découvert dans une vaste base de données d'échantillons de consommateurs afro-américains qui n'avait pas été identifiée dans les populations traditionnelles de chasseurs-cueilleurs d'Afrique subsaharienne.

Cela montrait bien que les lignées africaines aussi pouvaient disparaitre sans laisser de traces, et que certains de leurs hybrides seulement pouvaient avoir survécu. De plus sur un autre continent. Ce qui pouvait aussi être le cas pour un *homo sapiens eurasiatique*, qui n'aurait survécu à causes de mauvaises conditions climatiques, (froid extrême) en Afrique en disparaissant du reste du globe.

Et que tout ce qui nous restait était bien lacunaire et que l'on allait avoir beaucoup de mal à reconstituer le puzzle, à supposer qu'on y arrive un jour.

Heureusement à la sortie de cet article, le journaliste scientifique Pierre Barthélémy, dans un nouvel article "*l'homme qui ne descendait pas d'Adam*" [41], émettait de sérieuses réserves dans le blog du quotidien *Le Monde*.

D'après ce journaliste, cette étude soulignait seulement « à quel point les bases de données [*sur la phylogénie du chromosome Y*] étaient lacunaires ».

Nous partageons bien sûr cette conclusion déjà ancienne.

A ce jour, s'il apparait avec quasi-certitude que les lignées européennes mâles *I, J, R* peuvent descendre d'un *Haplogroupe A*, retrouvé majoritairement en Afrique,

qui aurait pu se mixer avec ou « *introgresser* » un ADN, par exemple néandertalien archaïque (même à plusieurs reprises),

nos échantillons sont bien trop lacunaires pour prouver que cet individu sapiens était originaire exclusivement d'Afrique.

Si, dès 2010, il est communément admis que le génome néandertalien a « *introgressé* » l'espèce sapiens moderne pour les lignées européennes [42], pourquoi ne pas admettre ce processus dans l'autre sens ?

Pourquoi à ce jour ne pas envisager une *introgression* d'ADN sapiens chez des espèces plutôt néandertaliennes, remettant les pendules à 0 chez cet **homo sapiens hybridé appelé A0**, qui pourrait éventuellement venir d'Afrique ou d'ailleurs ?

Déjà, à l'époque, les auteurs concluaient :

« Nous montrons que les Néandertaliens partageaient plus de variantes génétiques avec les humains actuels d'Eurasie qu'avec les humains actuels d'Afrique subsaharienne, ce qui suggère que le flux génétique des

Néandertaliens vers les ancêtres des non-africains s'est produit avant la divergence des groupes eurasiens entre eux. »

C'était déjà en faveur d'une réelle descendance des humains modernes européens des Néandertaliens.

La lecture de cet article nous fait découvrir trois co-auteurs qui deviendront célèbres individuellement une petite dizaine d'années plus tard par leurs travaux : Rasmus Nielsen, David Reich et Svante Pääbo.

10. Chasseurs-Cueilleurs de l'Ouest, de l'Est et du Caucase & Agriculteurs néolithiques

Les résultats d'une étude parue en 2015, dans la revue *Nature Communications* [43] éclairent l'histoire génétique complexe du peuplement du vieux continent.

Chasseurs-cueilleurs, fermiers et cavaliers des steppes

Un groupe des *chasseurs cueilleurs de l'est* (*EHG : Est Hunter Gatherer*) a d'abord divergé génétiquement il y a 45.000 ans d'avec un groupe de *chasseurs cueilleurs partis vers l'ouest* (*WHG : West Hunter Gatherer*) auquel appartient le célèbre Cro-Magnon de Dordogne.

Il y a 25.000 ans, la branche des *chasseurs-cueilleurs de l'est (EHG) d'Haplogroupe R1a & R1b* a encore divergé, donnant peu à peu naissance à un groupe de premiers agriculteurs ainsi qu'à un groupe de *chasseurs-cueilleurs du Caucase* dont elle vient d'identifier la signature génétique.

Ces hommes sont restés longtemps isolés alors que l'âge glaciaire atteignait son pic entre -25.000 et -23.000 ans.

Il existe alors *4 tribus* clairement individualisées qui vont ensuite d'hybrider.

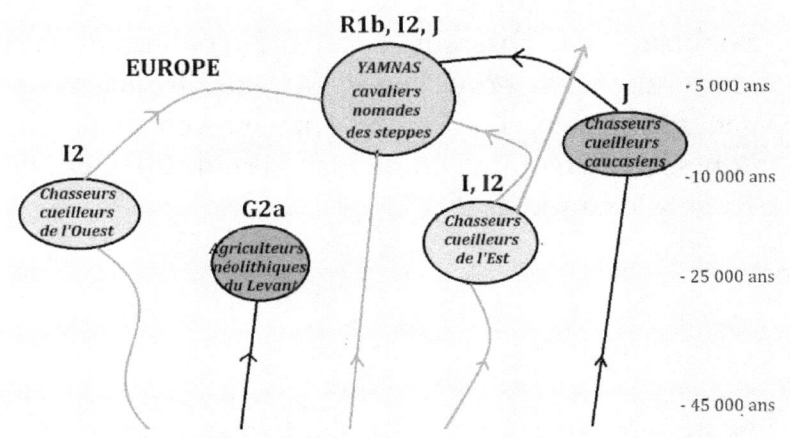

Les *"chasseurs-cueilleurs de l'ouest"* (WHG),

soit la "*tribu numéro 1*", *d'Haplogroupe Y-I2* dont la signature génétique a pu être repérée par plusieurs analyses ADN menées cette dernière décennie, s'établissent de l'Espagne à la Hongrie. Leur *Haplogroupe mitochondrial est U5 et H.*

1. Les *premiers agriculteurs du néolithique*

-ou *tribu numéro 2- d'Haplogroupe Y-ADN G2a.* Ils colonisent l'est, la méditerranée avec succès, la domestication des végétaux et des plantes, contribuant à leurs succès démographique. Au point que l'on a pu croire, un temps, que nous Européens étions tous issus de ces fermiers néolithiques. Vers -7500 ans, ils se déploient en effet largement, remplaçant même toutes les populations de chasseurs cueilleurs rencontrées au sud. En revanche, au nord, vers - 4000 ans, ils mêlent leurs gènes avec ceux des derniers chasseurs cueilleurs de l'ouest montrent une étude irlandaise de 2012 et une étude allemande de 2013.

2. : les *Yamna*, des *cavaliers nomades venus des steppes*

Entre temps, vers – 5000 ans, une *troisième tribu*, (de culture des tombes en fosse) déferle depuis l'est *d'Haplogroupe R1b et I2* prédominant et probablement issus d'une lignée ancienne de chasseurs-cueilleurs partie vers l'est. Ces hommes de l'âge du bronze ancien, qui ont probablement diffusé *les langues indo-européennes* ont également largement contribué au pool génique des européens, se mêlant à toutes les cultures de fermiers qu'ils rencontraient localement.

3. Un nouveau groupe de "*chasseurs-cueilleurs du Caucase*"(CHG)

identifié, la "*tribu numéro 4*", (de culture de la céramique cordée) *d'Haplogroupe J2a et J* , qui a survécu à l'âge glaciaire et s'est déployée probablement dès que les chapes de glace ont disparu et permis une plus grande circulation des hommes.

Les dernières analyses montrent que ces chasseurs-cueilleurs du Caucase ont également légué leurs gènes aux européens modernes qu'ils ont aussi largement contribué à la fondation de *la tribu cavalière des Yamna*. Ce petit groupe du Caucase a aussi exporté ses gènes plus à l'est encore, jusqu'en Inde où il pourrait encore avoir de lointains descendants.

Il nous apparait maintenant que seules les tribus *d'Haplogroupe I1, I2, R1a, R1b, et N1c* sont d'origine européenne.

Les arrivées par migration *d'Haplogroupe G2a* et *J* seraient d'origine moyen-orientales, et acquises par hybridations répétées, même si les Européens actuels qui les portent sont de véritables Européens depuis des milliers d'années.

11. Histoire génétique de la Population du Territoire de la France actuelle

L'analyse paléogénomique des populations ayant peuplé le territoire français permet de caractériser l'histoire du peuplement du territoire de la France actuelle à *l'Holocène,* c'est-à-dire entre *~7000 et ~300* avant l'ère commune (AEC).

L'équipe « *Epigénome et Paléogénome* » de l'Institut Jacques Monod a développé et optimisé des méthodes d'analyse de génomes anciens extraits d'ossements archéologiques français afin de pouvoir produire des résultats fiables.

Samantha Brunel, dans un article paru dans *PNAS* [44], a analysé les populations qui se sont succédé sur le territoire de la France actuelle, à partir de presque 250 échantillons osseux d'individus préservés dans des sites mésolithiques, néolithiques, de *l'âge du Bronze* et *du Fer.*

La vague de migration néolithique

La comparaison des génomes de quelques *chasseurs-cueilleurs d'un site mésolithique* en Charente, datés à ~7100 AEC, avec ceux *d'agriculteurs néolithiques en Alsace et en Champagne* a montré que ces individus appartenaient à deux populations génétiquement distinctes.

1. Ces *chasseurs-cueilleurs mésolithiques*

se sont avérés d'être d'un côté des descendants de chasseurs-cueilleurs mésolithiques ayant *habité l'Europe occidentale (WHG)* il y a environ 12 000 à 6 000 ans, majoritairement *d'Haplogroupe I2a et un peu I1* de cheveux blonds et yeux bleus.

D'un autre côté, ils s'étaient mélangés avec d'autres populations de *chasseurs-cueilleurs plus à l'est (EHG)*, *d'Haplogroupe R1a et R1b* de peau claire et yeux bruns.

2. Les *agriculteurs néolithiques*

d'Haplogroupe G2a, par contre, étaient des descendants des *premiers agriculteurs néolithiques anatoliens*. Ces derniers avaient traversé au 7ᵉ millénaire AEC le Bosphore et ont colonisé l'Europe, en avançant vers le nord à travers les Balkans, la Hongrie, l'Autriche, l'Allemagne pour arriver en France du Nord au *6ᵉ millénaire AEC*.

L'analyse de ces génomes a montré qu'il y avait métissage entre ces premiers agriculteurs néolithiques et les chasseurs-cueilleurs autochtones mésolithiques, ainsi que leurs descendants.

Au fur et à mesure que le Néolithique a évolué, ces événements de métissage ont dû augmenter en fréquence en même temps que la culture mésolithique disparaissait.

Ainsi, ils n'étaient pas encore capables de digérer le lait frais car il leur manquait une mutation dans le gène qui code pour l'enzyme permettant la digestion du sucre du lait, *le lactose*.

La vague de migration à l'Âge du Bronze en France

Dans la deuxième moitié du *3ᵉ millénaire AEC*, les individus sortis des contextes de *l'âge du Bronze* possédaient un génome avec une nouvelle composante originaire des *nomades des steppes pontiques* au nord de la mer Noire, témoignant d'un nouveau métissage de *dominance masculine* car les hommes de ces sites de l'âge du Bronze portaient tous les chromosomes Y de ces migrants de l'Est.

C'étaient donc plus les hommes, *d'Haplogroupe R1b majoritaire*, que les femmes qui s'étaient déplacés, éradiquant en partie les populations autochtones et prenant leurs femmes.

Une *forte hiérarchisation de la société* a été identifiée en Allemagne à la même époque [45]. On pourrait donc avancer l'hypothèse que ces « envahisseurs » constituaient une nouvelle élite qui s'est imposée sur la population agricole néolithique à cause d'un avantage technologique, la *maîtrise de la métallurgie*.

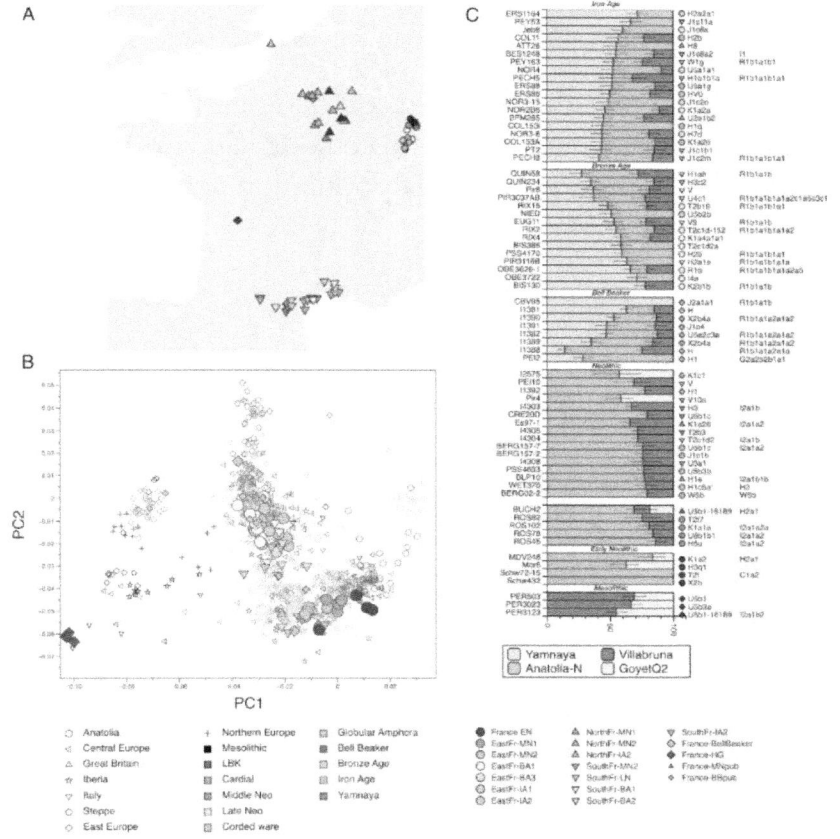

Overview of the ancient French dataset. Filled symbols are used for ancient individuals from France whereas open symbols are used for other ancient western Eurasians. The shape of the symbol indicates the geographic origin and the color indicates the time period. (A) Location of the samples included in the study. (B) Principal-component analysis of ancient western Eurasians projected onto the variation of present-day genotypes, restricted to Europe. (C) Ancestry proportion for French individuals ranging from the Mesolithic to the Iron Age established using qpAdm (data from this study and from previoulsy published studies). Each bar represents one individual with the associated mitochondrial DNA haplogroup and Y-chromosome haplogroup (Right).

Stabilité génétique entre l'âge du Bronze et l'âge du Fer

Les génomes des individus des sites archéologiques de l'âge du Fer se distinguent peu de ceux de l'âge du Bronze et sont assez proches de ceux de la population actuelle.

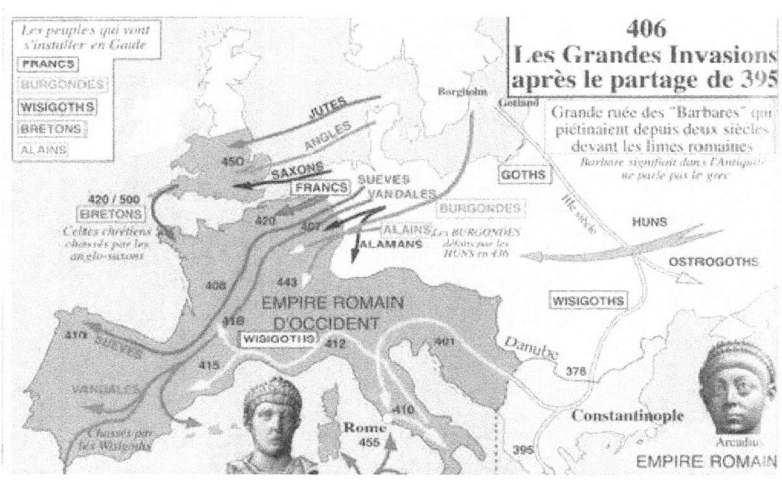

Les grandes invasions barbares au IV-Ve siècle

Malgré les *invasions barbares*, de *même Haplogroupe*, Goths divisés en *Wisigoth*s au sud & *Ostrogoth*s au nord, Burgondes, Alamans, Huns etc. les populations qui habitent le territoire de la France pendant les millénaires suivants jusqu'à aujourd'hui, portent toujours des portions de génomes de ces trois populations :
- les chasseurs-cueilleurs de la fin du Paléolithique,
- les agriculteurs du Néolithique
- et les nomades des steppes de l'âge du Bronze.

Ces trois composantes principales constituent le triangle dans lequel ont évolué ultérieurement les génomes des Européens aboutissant à des différences plus subtiles au niveau génomique [46].

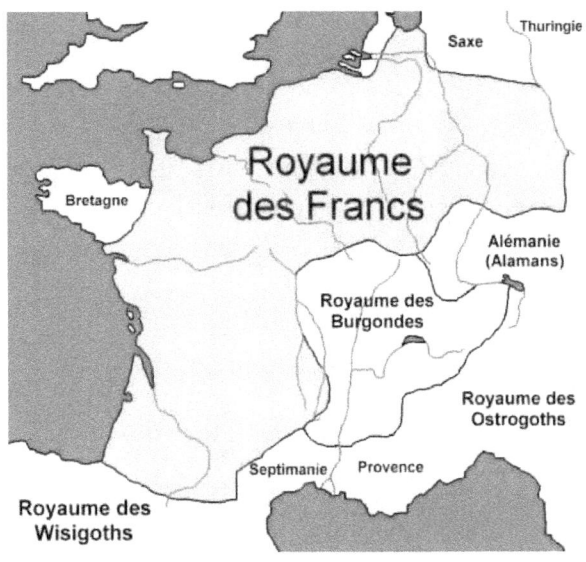

12. Histoire génétique de la Péninsule italienne, à la croisée des chemins européens

Des Cro-Magnons jusqu'aux Romains

Afin de bien comprendre les mouvements des peuples européens, et leurs *Haplogroupes* que nous allons étudier après, il m'a paru intéressant de choisir l'exemple de la *Péninsule italienne,* située à la croisée chemins des peuples nordiques, des peuples venus de l'est, et de ceux qui arrivent du Proche-Orient par la mer Méditerranée, donc très représentative des migrations humaines sur les 30 000 dernières années.

Les hommes de *Cro-Magnon* sont les premiers hommes modernes européens connus. (déjà des hybrides de *sapiens* et *Néandertal*)

1. Des Cro-Magnons réfugiés en Italie pendant l'ère glaciaire

L'Europe a été habitée par les humains modernes depuis plus de *40.000 ans*. La majorité de ce temps correspond à *l'ère glaciaire*, une période où les humains vivaient comme des *chasseurs-cueilleurs nomades* en petites tribus.

Au cours du dernier maximum glaciaire, la plupart de l'Europe septentrionale et centrale était recouverte de glace et pratiquement inhabitable pour l'homme.

L'Italie a été l'un des *refuges tempérés* de *Cro-Magnon*. On pense que Cro-Magnons appartenait principalement aux *Haplogroupes Y-ADN F* et *Y-ADN I*.

2. Des Haplogroupes Y-ADN I

Quelques lignées paternelles de Cro-Magnon ont survécu dans l'Italie moderne. Des poches d' *Haplogroupe I2 et I2C (L596)* [47] ont été observées à très basse fréquence en Italie nord-occidentale, entre les Alpes et la Toscane.

Il n'est pas certain que ces lignées soient restées en Italie depuis l'âge de glace. Elles ont pu arriver d'autres parties de l'Europe, tardivement avec les *Celtes,* qui ont également apporté *I2a2b (L38)*.

Les Tribus germaniques ont de même amenés les *Haplogroupe I1 et I2a2a (M223)*.

Certaines ou toutes ces lignées peuvent être issues de Cro-Magnons de la péninsule italienne, qui auraient migré vers le nord lorsque le climat s'est réchauffé il y a 10.000 ans.

Le variant le plus courant de l'Haplogroupe I en Italie est *I2a1a (M26),* qui se trouve principalement en Sardaigne (36% des lignées mâles) et dans une moindre mesure dans la péninsule ibérique, et des zones côtières de la Méditerranée occidentale.

Il est encore difficile de savoir où *I2a1 (P214)* s'est développé. Cela a pu être en Italie, dans les Balkans, ou même plus à l'est dans les Carpates, et au nord de la mer Noire.

Selon les estimations actuelles, *I2a1* est apparu il y a *environ 20.000 années*, et s'est divisé presque immédiatement *en branche occidentale (M26)* et celle *de l'Est (M423)*.

Selon toute vraisemblance, le territoire du *peuple I2a1 nomade* doit avoir inclus l'Italie du Nord et les Alpes dinariques, dans le refuge.

La tribu a grandi et s'est scindée, avec *quelques branches allant vers l'ouest vers l'Italie et la Méditerranée occidentale, et une autre vers l'est dans les Balkans et la steppe pontique.*

3. La colonisation par les agriculteurs néolithiques

Au moment où les premiers *agriculteurs du Néolithique* et les éleveurs sont arrivés en Italie depuis le Proche-Orient il *y a 8 000 ans*, la majeure partie de la péninsule était probablement habitée exclusivement par *les chasseurs-cueilleurs Y-I2a1a*.

L'Agriculture serait apparue au Levant il y a au moins 11.500 ans.

Pendant les deux millénaires et demi qui ont suivi, elle s'est répandue lentement à l'Anatolie et la Grèce.

De la Grèce, il a fallu un millénaire aux agriculteurs néolithiques pour traverser la mer et pénétrer dans les Pouilles, la Calabre, la Sicile et la Sardaigne, et à partir de là se déplacer vers l'intérieur et coloniser le reste de la péninsule pendant encore un autre millénaire.

Il y a environ 7 000 ans, toute l'Italie, *à l'exception des coins les plus reculés des Alpes* (justement ceux qui vont aussi nous intéresser juste après) avaient adopté l'agriculture.

Les nouveaux arrivants du Proche-Orient appartenaient essentiellement à *l'Haplogroupe G2a*, et semblent avoir porté une minorité de lignées *Y-E1b1b, J , J1, J2 et T*.

La majorité des Italiens modernes *E1b1b et J2* est venue plus tard cependant, avec les *Étrusques*, les *Grecs*, et les différentes personnes du Proche-Orient qui se sont installés en Italie durant l'Empire romain, en particulier les Juifs et les Syriens.

4. La fuite des chasseurs-cueilleurs nomades

Les *chasseurs-cueilleurs* semblent avoir pour la plupart fui la péninsule italienne après l'arrivée des agriculteurs néolithiques, sauf en Sardaigne, où ils se sont hybridés avec eux, peut-être piégés par la mer.

Aujourd'hui, *les Sardes* sont la population la plus proche des Européens néolithiques.

Cette notion était déjà connue à partir des études archéologiques et anthropologiques, mais a été confirmée par le *test du génome* d'*Ötzi*, un chasseur vieux de 5 300 ans, retrouvé momifié dans la glace des Alpes italiennes, portant des tatouages [48], et dont l'ADN avait été identifié comme très proche de celle de Sardes modernes.

L'isolement géographique de la Sardaigne a évité à ses habitants dans une large mesure d'être affectés par des influences extérieures, à l'exception d'une minorité de colons phéniciens, romains et Vandales.

Par exemple, le combiné *de 3% d' Haplogroupes I1, I2a2a et R1a* pourrait être attribué aux *Vandales*, une tribu germanique qui a régné sur la Sardaigne de 435 à 534.

Les Romains ont laissé quelque 10% *des R1b-U152*, et probablement certaines *lignées E1b1b* supplémentaires, *G2A et J2* .

En Europe, au moment où disparait la *culture Vinca*, apparait la *culture campaniforme* (BB Bell Beaker) sur ce territoire européen (dont on sait actuellement que l'*Haplogroupe prédominant est R1b-P312*).

On peut donc raisonnablement penser que *l'invasion caucasienne des peuples indo-européens, d'Haplogroupe R1b* met fin à la civilisation des mégalithes.

5. Les Invasions caucasiennes (proto-indo-européennes) de l'âge de Bronze

L'âge du bronze a été introduit en Europe par les *Proto-Indo-Européens,* qui ont migré du *Caucase du Nord et des Steppes pontiques dans les Balkans* (à partir d'il y a environ 6 000 ans),

puis sont allés *jusqu'au Danube* et ont envahi l'Europe centrale et de l'Ouest (à partir d'il y a 4 500 ans).

Ce sont eux *les peuples caucasiens* qui vont nous intéresser plus particulièrement dans la région transalpine du Val Camonica.

Les locuteurs Italiques, une branche indo-européenne, ont franchi les Alpes et envahi la péninsule italienne, il y a environ 3 200 ans, et établi la *culture de Villanova* et apporté avec eux principalement *les lignages R1b-U152* et remplacé ou déplacé une grande une partie des populations autochtones.

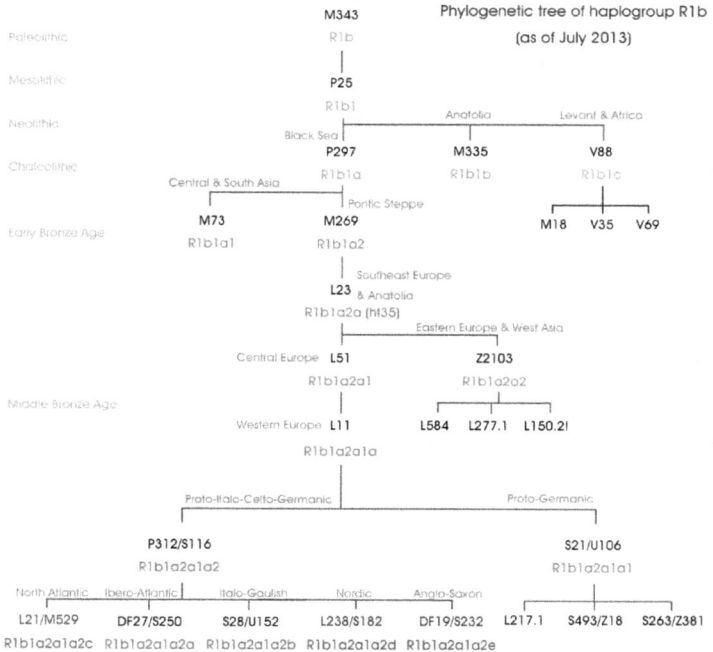

Arbre phylogénétique R1b, d'après Eupédia,

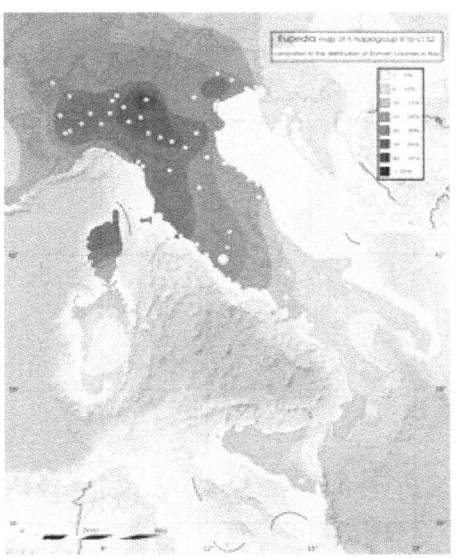

Répartition de l'Haplogroupe italo-celtique U152, d'après Eupédia,

Les *Tribus italiques* ont conquis toute la péninsule, mais plus fortement dans le nord et le centre-ouest de l'Italie, en particulier dans la vallée du Pô et de la Toscane, mais aussi en Ombrie et le Latium, qui toutes deux doivent leurs noms à des tribus italiques (les Ombriens et les Latins).

6. Fondation de Rome, origines étrusques et colonisation romaine

Les *anciens Romains*, fondateurs de Rome les patriciens de la République romaine, étaient essentiellement d'*Haplogroupe R1b-U152*.

Naturellement U152 était déjà présent dans le nord de l'Italie *avant la période romaine.*

Leurs unions avec leurs *voisins étrusques* et *grecs* auraient progressivement apporté d'autres lignées déjà évoquées plus haut.

Les *Etrusques*, quant à eux, considérés comme ayant leur origine dans *l'Anatolie occidentale*, non loin de Troie, pourraient aussi avoir apporté un Haplogroupe antérieur dans la branche, *l'Haplogroupe R1b-L23* à l'Italie, également mélangé avec d'autres Haplogroupes.

Aujourd'hui *R1b-L23 est la deuxième sub-clade* la plus commune de R1b en Italie.

L23 a une distribution remarquablement uniforme sur toute la péninsule italienne, faisant entre 5% et 10% des lignées mâles. Il se trouve à une fréquence légèrement plus élevé en Campanie et en Calabre en raison des colonies grecques,

et diminue de moins de 5% de la population seulement autour des Alpes.

Il semble donc que dans les Alpes, les peuples autochtones nordiques et les envahisseurs caucasiens hybridés, aient pu subsister sans se mélanger à d'autres groupes, du fait du relatif isolement des deux derniers millénaires.

13. L'ère glaciaire

La paléoanthropologue canadienne, *Geneviève Von Petzinger,* fixe le DMG (dernier maximum glaciaire) entre *-18 000 et -20 000 ans*. Elle pense que c'est à cette période que des groupes humains plutôt épars, ont été obligés de se regrouper dans les *« refuges »* et que ce regroupement a obligé des populations plutôt différentes à faire preuve de créativité pour se comprendre.

C'est aussi le moment où ils ont apprécié la musique, car les archéologues ont trouvé de nombreuses flûtes en ivoire et en os, et des tambours et tambourins.

« Au cours de cette longue vague de froid, des groupes de personnes à travers l'Europe se sont installés dans des zones dites refuges, essentiellement des vallées abritées, ou des zones à microclimats tempérés, où elles pourraient survivre à l'expansion glaciaire. Cela a permis à un grand nombre de personnes d'entrer régulièrement en contact les unes avec les autres pour la première fois. Ils ont également commencé à fabriquer des artefacts plus symboliques, à la fois en nombre et en variété.

Chaque fois que de grands groupes de personnes sont rassemblés, ils semblent commencer à réfléchir à de nouvelles idées, et à tirer parti des inventions de chacun, et il se peut que cette convergence de personnes ait donné l'un des premiers groupes de réflexion originaux du monde. » écrit-elle.

Ainsi , les peuples de chasseurs-cueilleurs nomades après un relatif dégel se déplaçaient tous sur de très vastes territoires. Ils s'étaient habitués à vivre dans le froid et des températures extrêmes.

Tout ce que je sais de l'ère glaciaire, vient de ce livre d'ingénieur, du polytechnicien, *Jean Deruelle*, « *l' Atlantide des mégalithes* ». Il y parle en p. 94 d'un *Âge d'or*, où il n'y avait aucune guerre, aucune représentation d'un humain en tuant un autre, dans la période où, après le DMG de – *22 000 an*s, après 60 000 ans ininterrompus de glaciation, les glaces ont commencé à fondre, ouvrant un couloir par le détroit de Behring, laissant passer l'homme de la *Sibérie* jusqu'aux glaciers américains.

Pour *Jean Deruelle*, les *Atlantes* de *Platon*, connus seulement dans les dialogues du *Critias* et du *Timée,* correspondent à une civilisation unique mégalithique, dans toute l'Europe, d'un peuple de marins envahisseurs-bâtisseurs.

Vers – *4 600 ans*, les *peuples nordiques,* chassés par le froid envahissent les Balkans, et le Danube. Pendant ce temps, le danubiens chassés se réfugient en Asie. C'est en tout cas ce que conclut cet éminent scientifique qui re-date tout au *radiocarbone*.

Puis ils envahissent la *Mésopotamie*, développant la *civilisation Sumérienne*, que l'on croit née sur place, vers – *4 500 ans*. Et le beau temps revenu, ils rentrent chez eux, vivant à nouveau en paix.

Mais ce n'est pas tout, mille ans plus tard, le grand froid se réinstalle, et voilà que les *peuples nordiques* se remettent en marche et en guerre, avec leurs haches. Cette fois-ci, ils sont repérés comme les « *peuples des haches de combat.* »

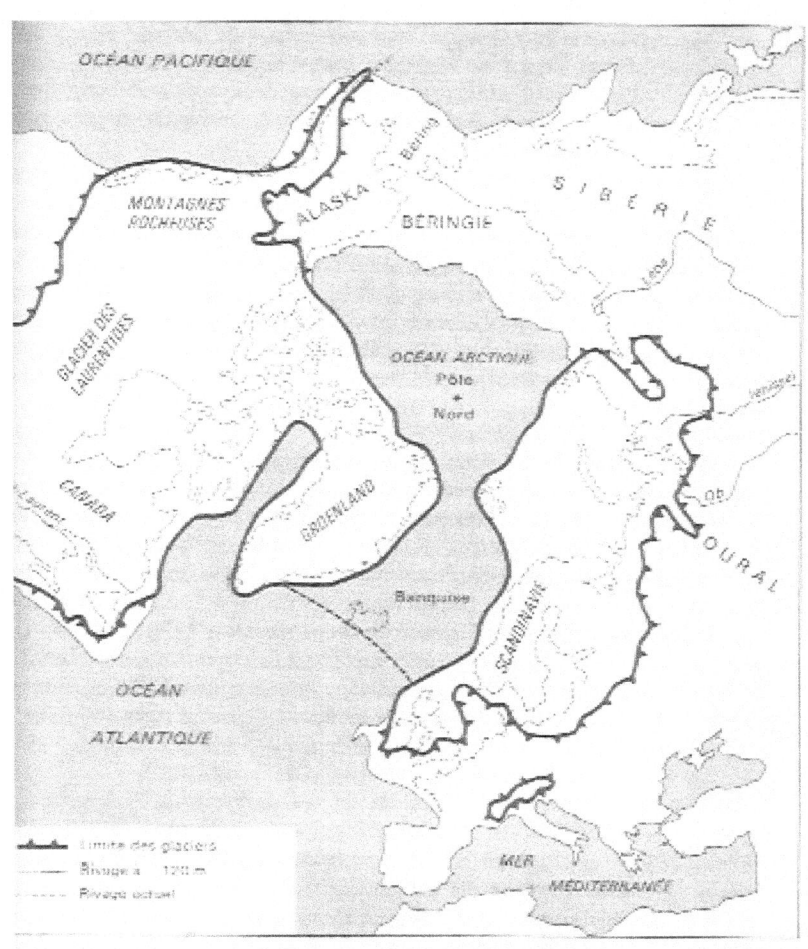

Extension des glaciers en - 18000

Un énorme glacier (Laurentides) recouvre l'Amérique du Nord.
Le glacier scandinave (Inlandsis) rejoint le glacier écossais.
La baisse du niveau des mers assèche les Iles Britanniques,
les côtes de Sibérie et le Détroit de Béring.
Un climat étonnamment doux règne de la Lena à l'Alaska.

Cartes de Jean Deruelle

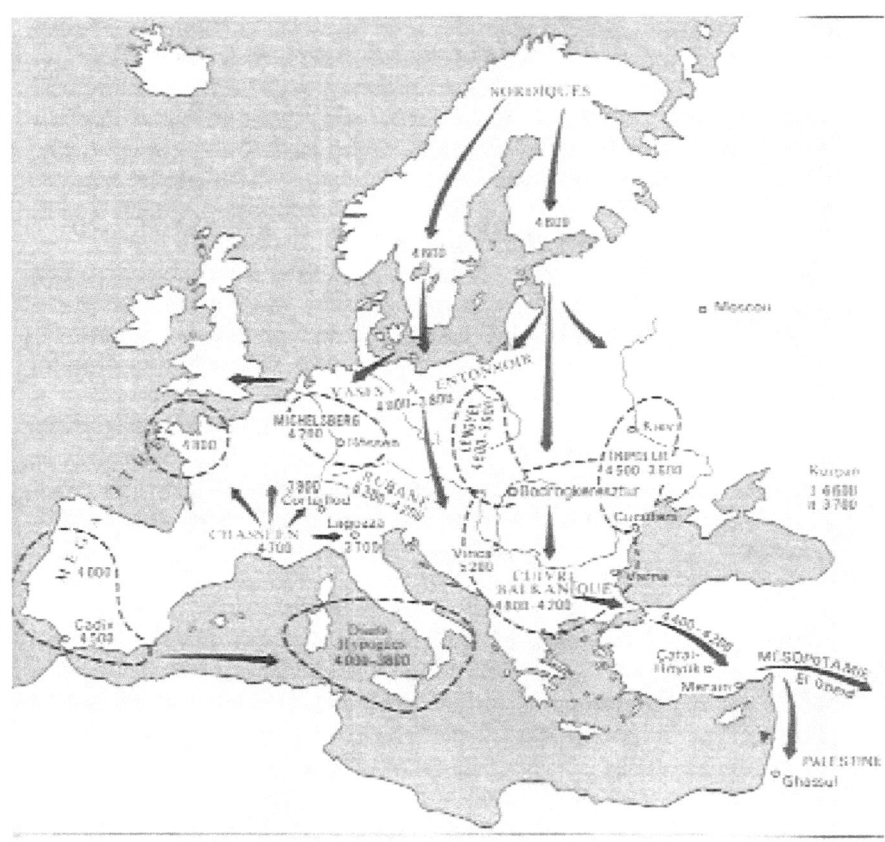

– 4600 – 3800 Invasion nordique

Vers – 4600, chassés par le froid, les Nordiques franchissent la Baltique
et se néolithisent (vases à entonnoir). S'infiltrant entre les zones
de résistance (Michelsberg, Lengyel, Tripolije), ils harcèlent les
Danubiens du cuivre, puis les détruisent, poussant les fuyards au Proche-
Orient. En Occident, le mégalithisme s'installe pacifiquement.

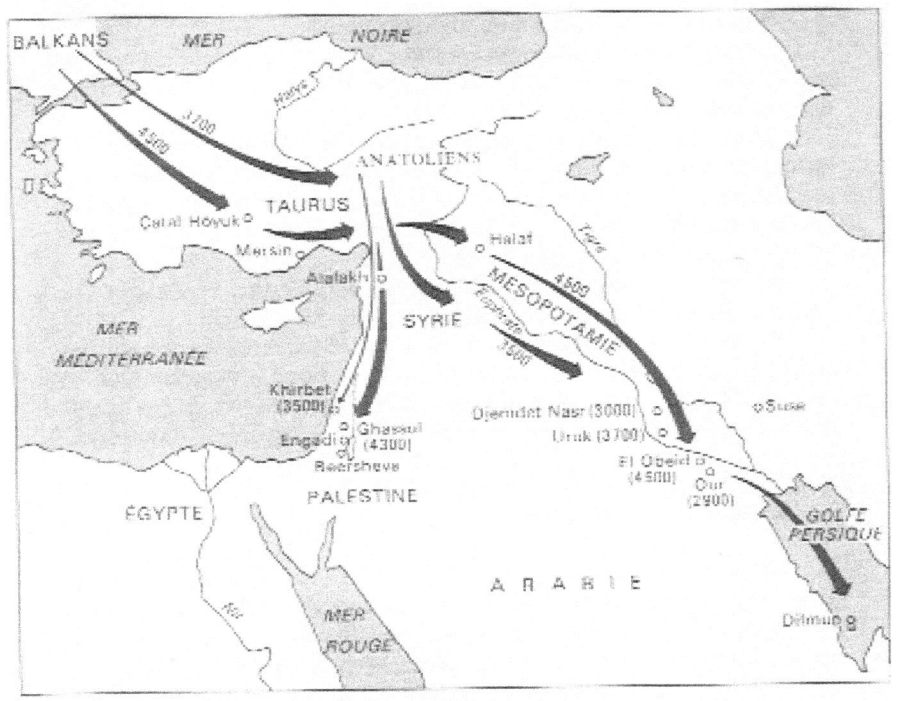

Des Balkans vers la Mésopotamie

Chassés des Balkans vers – 4500, les Danubiens du cuivre fondent
la culture d'El Obeid en Mésopotamie, de Ghassoul en Palestine.
Vers – 3700 une nouvelle vague refoule des Anatoliens en Palestine
(Khirbet Kerak), les y rejoint (dolmens du Golan), se mêle aux Obeidiens
(Ourouk) et explore le golfe Persique (dolmens de Dilmun).

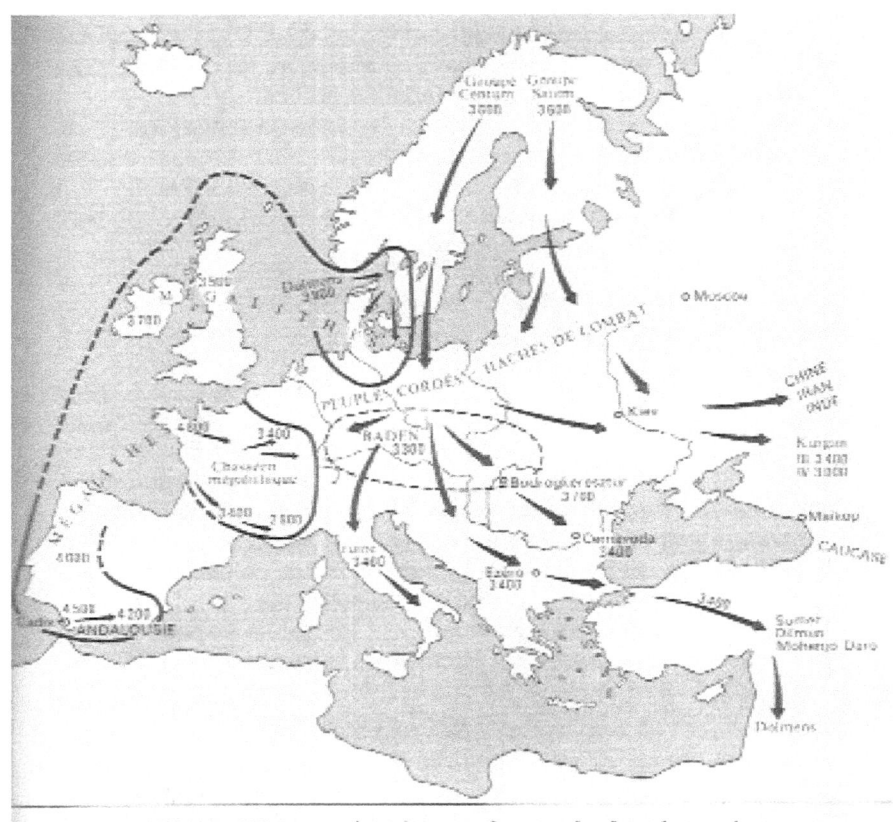

– 3600 – 3000 Invasion des peuples aux haches de combat

Vers – 3600, une nouvelle vague de froid répand au sud de la Baltique les peuples à céramique cordée et haches de combat. Contenus à l'ouest par la civilisation mégalithique, ils recouvrent le sud-est de l'Europe et progressent jusqu'en Mésopotamie et en Extrême-Orient.

Notons ici, au passage, que *Jean Paul Demoule* [49] est opposé à la théorie de migration de peuples nordiques car il estime qu'il n'en existerait aucune trace archéologique. Sans doute ignore-t-il l le cervidé (daté d'il y a 13 000 ans) de Darfo ?

Dans la région transalpine, en terre camunienne, on retrouve trois peuples : les *peuples autochtones mégalithiques* issus des peuples nordiques, les *peuples nordiques* et les *Caucasiens* (indo-européens), leurs traces génétiques, leurs habitudes, au même endroit.

Quand et comment se sont passées leurs rencontres ? Ont-elles été sanglantes ?

Il y existe aussi un alphabet constitué d'origines autochtones assurément, nordiques et scandinaves, et peut-être caucasiennes indo-européennes, quelques mégalithes, un art rupestre incroyable sur des millénaires et les génomes des trois peuples.

Ensemble.

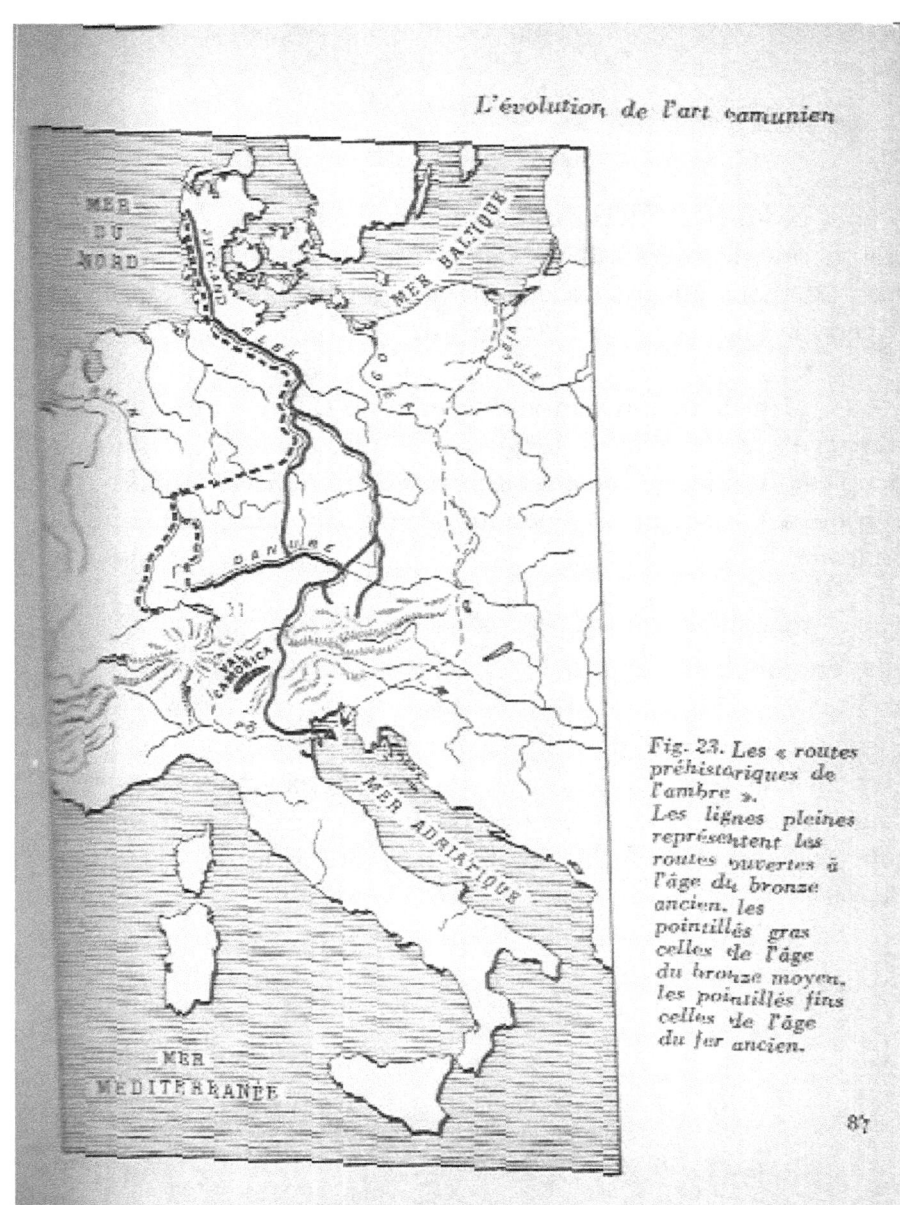

Fig. 23. Les « routes préhistoriques de l'ambre ».
Les lignes pleines représentent les routes ouvertes à l'âge du bronze ancien, les pointillés gras celles de l'âge du bronze moyen, les pointillés fins celles de l'âge du fer ancien.

Carte d'Emmanuel Anati

Le Val Camonica se situait sur la *route de l'ambre*, ce qui en fit un exceptionnelle zone de rencontres.

Maintenant, le développement de l'archéologie camunienne montre que cette civilisation a été présente sur place, traversant toute la préhistoire jusqu'à *l'Âge de fer*, y compris pendant la période des *mégalithes* [50].

Ce fut *une civilisation charnière* à l'aube des *peuples celtes* et *germaniques*, avant leur différenciation.

Le « Cervidé » de 13 000 ans, Foto Luca Giarelli

Un pétroglyphe de cervidé (renne ?) a récemment été re-daté à *-13 000 ans en pleine période glaciaire*.

Il est probable que la vallée Camonica ait été, non seulement un refuge glaciaire ; mais aussi un *sanctuaire à ciel ouvert* où venaient se recueillir toutes les tribus de *chasseurs-cueilleurs* alentour parcourant parfois des centaines (ou milliers de kilomètres). Et que les gravures aient perduré sur des milliers d'années, pendant qu'ils se sont semi-sédentarisés, puis sédentarisés définitivement.

Elle a probablement tiré son origine d'une civilisation nordique, venues du grand froid, ou du *Doggerland* [51], le continent englouti, en mer du Nord, par un tsunami, il y a 8 000 ans,

- En effet, avant la fin de la dernière glaciation, la mer avait reculé et le *Doggerland* s'étendait sur ce qui est aujourd'hui le fond de la mer du Nord.

"C'était le véritable cœur de l'Europe", d'après *Richard Bates*, géochimiste à l'Université St Andrews en Écosse.

La découverte de centaines d'outils de pierre, de harpons et d'os humains est la preuve de la vie grouillante, sur les fonds de la mer du Nord d'aujourd'hui. « Des dépôts de pollen dans la boue nous confirment l'existence de plantes terrestres. Près d'Inverness, dans un endroit qui aurait été une dizaine de mètres au-dessus du niveau de la mer, les archéologues ont récupéré près de 5000 objets en silex, fragments d'os et une cheminée. »

Le *Doggerland* a été détruit par le *tsunami Storegga*, un des plus grands tsunamis connus de l'*Holocène*, généré sur la marge côtière norvégienne par un glissement de terrain sous-marin. - puis la *civilisation camunienne* a échangé, partagé son génome, ses coutumes, ses objets, son langage et même des graphèmes (bribes de lettres) avec les nouveaux venus *caucasiens*.

Par exemple, si l'on prend six des symboles de l'alphabet

camunien :

1. Le *demi-hashtag*, qui peut représenter le *clan* ou le peuple,

2. L'*étoile*, équivalent de l'ancien *Hagalaz runique*, qui peut

représenter *la neige*,

3. Le *cercle*, qui est resté notre o,

4. Le *Claviforme* (hache ou massue), qui deviendra notre L, ou notre T, suivant les différents auteurs,

5. La *croix* (cruciforme) qui se prononce G, et représente aussi le *cadeau*.

6. Le *Penniforme*, qui semble être devenue le S camunien

Quant au 7. *Le Pectiforme*, il est à l'origine de tous les E.

    Ces sept symboles sont déjà présents parmi les 32 premiers signes retrouvés dans les grottes européennes depuis 30 000 ans, et décrits par la paléoanthropologue *Geneviève Von Petzinger*.

On retrouve aussi de façon étonnant d'autres symboles de l'ère glaciaire dans l'art camunien, comme la spirale, ou l'*unciforme.*

Son hypothèse d'un tout premier système de communication européen n'apparaît pas si incongrue,

et il est même possible qu'il puisse s'agir d'un système de symboles, d'une proto-écriture d'origine *néandertalienne,* en tout cas assurément de *Cro-Magnon.*

La *civilisation, camunienne,* sur sa fin, était très proche des phéniciens, au temps de la *culture d' Únětice,* au début de *l'Âge du bronze en Europe centrale* (vers 2300 av. J.-C. – vers 1600 av. J.-C.) du nom village d'*Únětice,* en République tchèque. Elle s'étendait en *Slovaquie,* en *Pologne* jusqu'en *Allemagne,* ainsi que dans le nord-est de l'*Autriche* et dans l'ouest de l'*Ukraine,*

puis avait décliné, on ne sait pourquoi, peut-être en même temps que les *âges sombres grecs* vers – 1 200 avant J.C., jusqu'à persister sous la forme d'une toute petite peuplade, qui n'avait pas hésité à s'intégrer de bonne grâce à l'empire romain, en même temps que ses voisins, les *étrusques* (à l'origine eux, de la fondation de Rome).

La *culture d'Únětice,* survient juste après la *culture campaniforme,* qui est une des cultures des peuples des mégalithes. Mais n'en dérive pas.

Elle est très compatible avec la *civilisation camunienne,* car on en retrouve de nombreux éléments de *l'âge de bronze* ancien.

On distingue deux périodes :

Période 1 (2300-1950 av. J.-C.) : dagues ou poignards triangulaires, haches plates,

Période 2 (1950-1700 av. J.-C.) : dagues avec poignées métalliques, haches avec flanc, hallebardes,
ses torques, ses haches de combat et des épingles à vêtement en bronze.

Jean Deruelle a émis l'hypothèse d'une fondation de la civilisation sumérienne par des *peuples nordiques*. Il n'est donc pas si étonnant que cela de s'apercevoir que les pictogrammes sumériens ressemblent comme deux gouttes d'eau aux premiers
signes européens *de Geneviève Von Petzinger*, (sur les deux pages suivantes comparatives), on y retrouve la main négative, l'unciforme, le penniforme, le triangle, le pectiforme, etc.

Les « First Signs » de Geneviève Von Petzinger

Tablette pictographique sumérienne.
(Réunion des Musées Nationaux.)

Tablettes pictographiques sumériennes

De là à conclure que les Sumériens fondateurs, d'origine nordique, avaient parmi leurs ancêtres des néandertaliens, il n'y a qu'un pas, non encore franchi.

Mais nous n'en sommes pas loin.

Dans un précédent ouvrage, dans la mesure où les concepts que j'utilise sont nouveaux, pour des notions déjà existantes et classiques, mais que j'élargis, et dans le temps, et dans l'espace, pour mieux coller à une réalité archéologique et génétique, j'ai été dans l'obligation de créer un nouveau lexique :

Peuples nordiques :

(de la 1ère période européenne *-30 000 à - 5 000 ans*): Hyperboréens, Peuples du nord, Peuples de la mer, Scandinaves etc. probablement d'origine *néandertal-dénisovienne*, des humains archaïques, multi-mixés avec des *homo sapiens d'origine eurasiatique* d'*Haplogroupe* (voir la définition dans le chapitre qui y est consacré) majoritaire *Y-DNA I*. Il est maintenant établi que *l'Haplogroupe I* est le plus ancien Haplogroupe majeur en Europe.

Peuples caucasiens :

(de la 2e période européenne – *5 600 ans – 3 500 ans*): Aryens, Indo-européens, Cavaliers Yamna, Peuples de la Céramique cordée, Peuples des haches de combat, etc. probablement d'origine *des steppes caucasiennes* multi-mixés avec les peuples *néandertal-dénisoviens* et des *homo sapiens d'origine eurasiatique*.

Il faut prendre ici le temps d'évoquer l'ouvrage courageux de *Jean-Paul Demoule*, qui démonte le mythe d'un peuple indo-européen unique, parlant une langue unique-mère, chère aux écrivains et linguistes du XIXe siècle., située au centre de l'Europe, et ayant colonisé jusqu'à l'Inde.

A ce jour plus rien ne vient étayer, dans les découvertes archéologiques cette thèse. La réalité est plus complexe et faite probablement de convergences de peuples et de langues.

Le territoire des *Cavaliers Yamna*, un peuple nomade de cavaliers caucasiens, vivant il y a 5 600 ans, s'étendait dans le sud, le long de la rive nord de la mer Noire jusqu'au Caucase du nord-ouest. C'était une région de steppe ouverte allant vers l'est jusqu'à la mer Caspienne, la Sibérie et la Mongolie (la grande steppe eurasienne). S'ils ont été relativement stables pendant la période glaciaire, ils envahissent l'Europe de l'Ouest, il y a environ 5 500 ans et migrent autant vers l'est que vers l'ouest au Sud et centre de l'Asie.

Européens de la 3e période :

les descendants des 2 premiers groupes mixés ayant fondé leurs propre cultures (– 3 500 ans- 2 500 ans) : Celtes, Slaves, peuples Germaniques, puis Troyens, Grecs et Romains...

Européens de la 4e période :

(actuelle) : *ad-mixtures* des peuples prédominants des 3 premières périodes, avec éventuellement d'autres.

Note : Mes connaissances évoluant rapidement avec les nouvelles découvertes scientifiques et archéologiques, ces données sont susceptibles de se périmer et nécessiter des mises à jour.

Bijou en coquillage de la grotte de Gravette (France)

Harpons aziliens

14. La Civilisation des Mégalithes, nouvelles données génétiques et culturelles

Pour l'internaute, *Ludovic Richer*, alias *Arcana*, qui consacre un chapitre entier de son ouvrage sur les civilisations disparues, et a fait un remarquable travail de recherche, bien qu'il ne soit ni historien, ni archéologue [52], les mégalithes auraient été construits à partir *du 5e millénaire avant J.C. (-7 000 ans)* bien qu'il ne soit pas totalement sûr de cette datation, comme il le précise plus tard.

Pour lui, les mégalithes auraient commencé à être érigés au moment de la *culture tardenoisienne*, par des peuples du mésolithique ayant un *Haplogroupe I1 et I2 (nordique)*,

et aurait été poursuivie au néolithique.

Puis ils auraient disparu progressivement.

Les derniers mégalithes à avoir persisté tardivement, auraient été ceux de Corse, Sardaigne, des Baléares, d'Andalousie et des Pyrénées orientales.

Puis pour *Arcana*, l'évolution de la civilisation des mégalithes se serait étendue par l'apparition d'une culture venue à la fois des Balkans et d'Europe centrale, *la culture rubanée*, et à la fois par la Méditerranée, *la culture cardiale*.

Ces cultures auraient, pour lui, été majoritairement portées par des populations *d'Haplogroupe I2a et G2a*.

En ce qui me concerne j'ai trouvé plus d'éléments en faveur des seuls *autochtones d'Haplogroupe Y-I2a*, progressivement *hybridés* avec *G2a*.

Site mégalithique sur la côte ouest de l'île de Lewis, dans les Hébrides, en Écosse. © Getty / Westend61

La diffusion des mégalithes se serait faite ensuite surtout le long de l'Atlantique, (par la fuite des chasseurs-cueilleurs d'Haplogroupe I2a aux confins des terres connues ?)

Nous ne savons pas grand-chose des peuples qui les ont construits, ni de leur religion, ni de leur mode de vie.

Il y a parmi ces monuments, quelques monuments funéraires, probablement d'origine ultérieure, mais une seule chose est sûre, c'est leur caractère sacré, et leur rapport intime avec les astres et le calendrier (solstices et équinoxes).

15. L'Haplogroupe Y-ADN hyperboréen I

L'Haplogroupe I est l'Haplogroupe majeur le plus ancien d'Europe et, selon toute probabilité, le seul qui en soit originaire (hormis de très petits Haplogroupes comme *C1a2* et des sous-clades profonds d'autres Haplogroupes).

L'Haplogroupe IJ serait se serait individualisé en Europe il y a environ 35 000 ans, puis s'est développé en Haplogroupe I peu après.

Il a été confirmé par un ancien test d'ADN que le *premier Homo sapiens* à coloniser l'Europe au cours de l'Aurignacien (45 000 à 28 000 ans) appartenait aux *Haplogroupes CT, C1a, pre-C1b, F et I*.

L'Haplogroupe I s'est ensuite divisé en 2 branches majeures *I1 et I2*.

La plupart des restes glaciaires tardifs et mésolithiques testés à ce jour appartenaient à l'Haplogroupe I ou I2.

L'Haplogroupe I1

On estime que la *branche I1* [53] s'est séparée du reste de l'Haplogroupe I il y a *environ 27 000 ans*. I1 est défini par plus de 300 mutations uniques, ce qui indique que cette lignée a connu un sérieux goulot d'étranglement démographique.

L'Haplogroupe I1 est le type le plus fréquent d'Haplogroupe

I en Europe du Nord. On le trouve principalement en Scandinavie et en Finlande

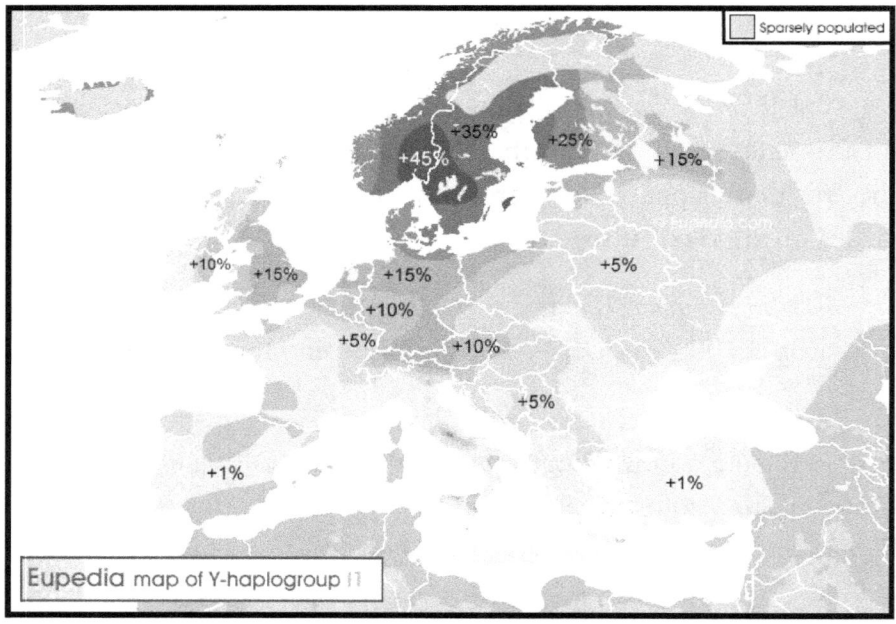

Cependant, cinq échantillons d'ADN Y du Mésolithique en Suède, e c. 5800 à 5000 BCE et testé en 2013 et 2015 ont tous appartenu à *l'Haplogroupe I2*.

L'Haplogroupe I2

L'Haplogroupe I2 (M438 / P215 / S31) serait originaire du Paléolithique supérieur, au cours du Dernier Maximum glaciaire (DMG), qui a duré environ 26 500 à 19 000 ans.

I2 est probablement apparu en Europe occidentale, bien que sa région d'origine exacte ne puisse être déterminée puisque les Européens du Paléolithique étaient des *chasseurs-cueilleurs nomades*.

Le plus ancien échantillon d'I2 récupéré de squelettes archéologiques est un homme de 13 500 ans de la *Grotte du Bichon en Suisse* associé à *la culture azilienne* [54].

Sa lignée maternelle était *U5b1h*.

En octobre 2016, 15 échantillons européens d'ADN-Y du Mésolithique ont été testés. Parmi eux,

- l'un appartenait à l'Haplogroupe C1a2 (en Espagne),
- un à F (en Allemagne),
- deux à I (en France),
- et six à I2 (Luxembourg et Suède), y compris I2a1 (P37.2), I2a1a1a. (L672), I2a1b (M423) et I2c2 (PF3827). Les lignées maternelles (ADNmt) qu'elles portaient étaient U2e, U4, U5a1, U5a2 et U5b.
- Les quatre échantillons de Russie appartenaient à Y-Haplogroupe J , R1a1 (2x) et R1b1a.

Cela montre qu'il existait déjà une certaine diversité parmi les lignées européennes mésolithiques, bien que beaucoup de ces lignées *(C1a2, F, I , J)* soient maintenant extrêmement rares.

L'Haplogroupe I2a1 semble être sorti de la période néolithique comme le grand gagnant pour des raisons qui ne sont pas encore claires.

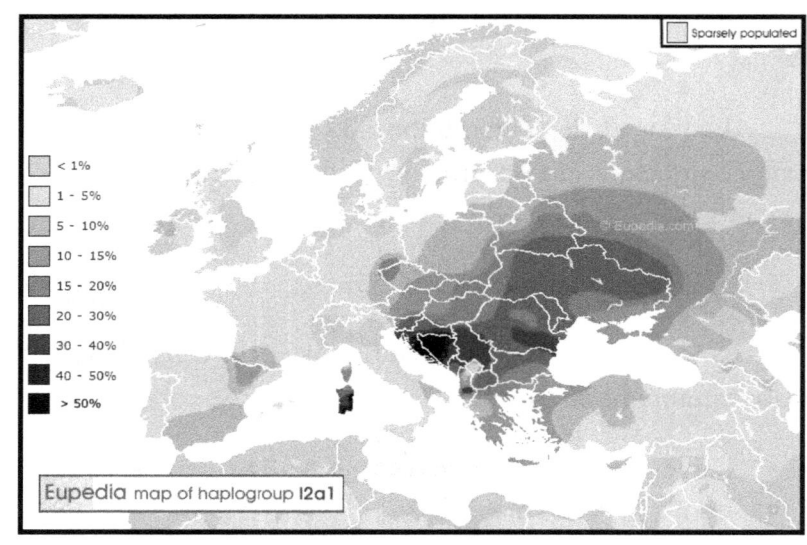

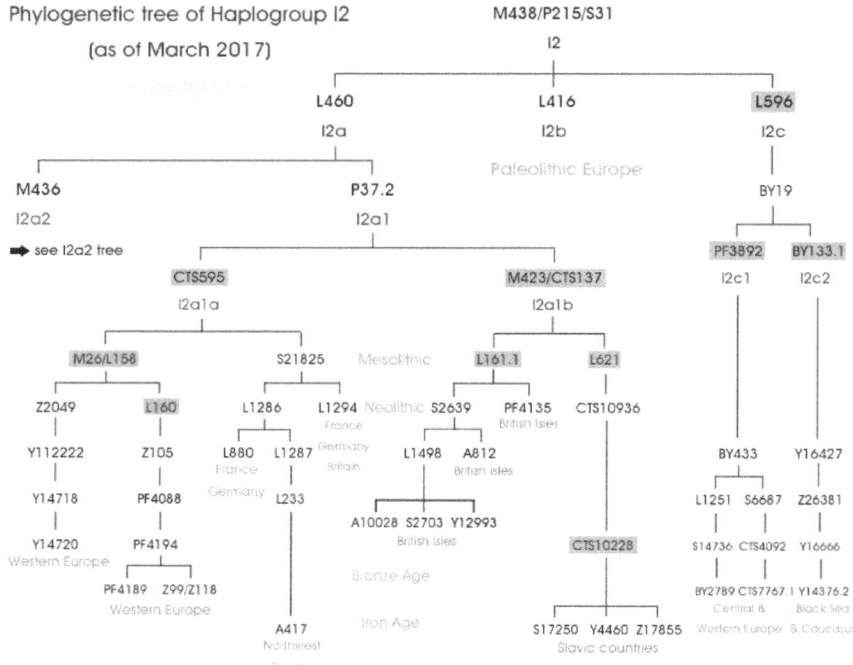

Arbre phylogénétique de l'Haplogroupe I2a.

La branche I2a2 (IM436 à l'origine du IM223)

Une autre branche de I2a, la *branche I2a2* s'est différenciée au *Paléolithique supérieur*. Elle est actuellement considérée comme la branche majoritaires des anciens habitants du *Doggerland* englouti.

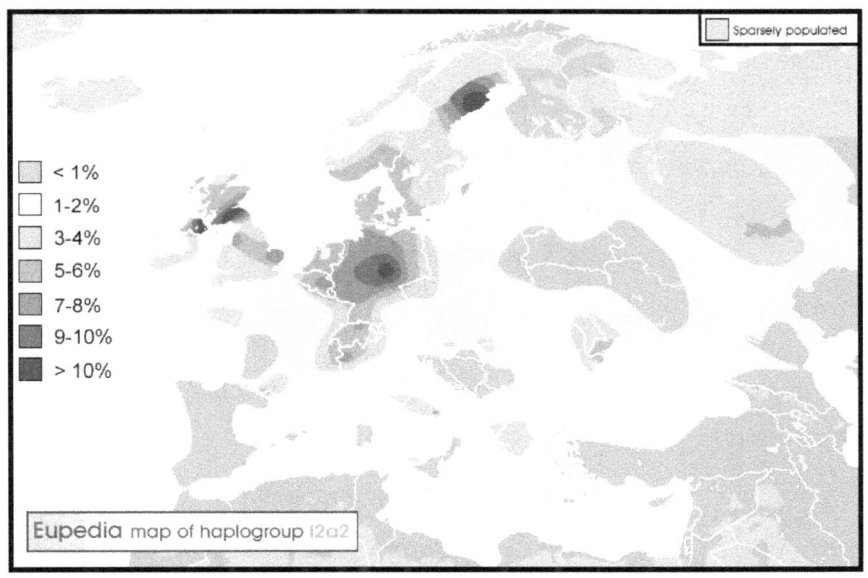

Répartition actuelle de l'Haplogroupe I2a2

Bien qu'un seul I2a2 ait été trouvé au début ou au milieu du néolithique (un I2a2a-M223 en Espagne), beaucoup d'entre eux se sont manifestés durant les *Âges de cuivre et de bronze*.

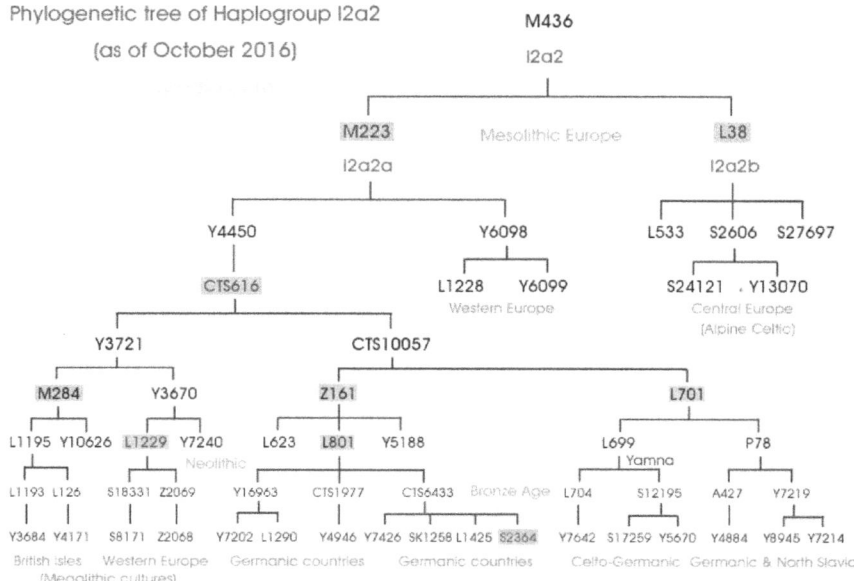

L'arbre phylogénétique I2a2

Les échantillons de *l'Âge du cuivre* et de *l'Âge du bronze* comprennent

- un I2a2, deux I2a2a et un I2a2a1 (CTS616) en Espagne,
- un I2a2a1b1b2 (S12195) dans le sud de la Russie (culture Yamna),
- un I2a2a1 (CTS9183)
- et un I2a2a1a2a (L229) en Hongrie (culture Vatya),
- six I2a2b (L38) en Allemagne (cultures Unétice et des champs d'urnes), cultures à l'origine des civilisations Celte et Germanique.

Les échantillons I2a1 de *l'Âge du cuivre* comprennent

- un I2a1a1 du nord de l'Italie *(culture Remedello)*,
- un I2a1 de Hongrie *(culture Vatya)*.

I2c2 a également été trouvé dans la *culture Unétice* en Allemagne.

Et l'ADN des anciens Vikings ?

Une récente analyse de l'ADN des anciens vikings [55] a permis à des chercheurs suédois d'établir leurs véritables origines et de constater qu'ils n'avaient rien en commun avec les actuels habitants de la Scandinavie.

Après avoir déchiffré l'ADN des probablement premiers habitants de la Scandinavie, *Mattias Jacobson* de l'université d'Uppsala, en Suède, et ses collègues ont réussi à tirer cette conclusion surprenante.

« Les Scandinaves modernes n'ont presque rien en commun avec les premiers habitants de la péninsule », estime Mattias Jacobson.

L'ADN des habitants de la partie ouest de la Norvège moderne est beaucoup plus proche de l'ADN des anciens habitants du nord de la Russie et des pays baltes que de ceux qui habitaient dans le sud de la Scandinavie.

Leurs génomes ressemblent au matériel génétique des chasseurs-cueilleurs habitant à l'époque en Allemagne et dans d'autres parties de l'Europe centrale.

Cela est dû à l'existence de deux populations isolées de vikings, dont une est arrivée du sud, via le Danemark, et l'autre, de l'est, se dirigeant le long de la côte norvégienne.

Selon les scientifiques, ces deux populations ne se ressemblaient pas du tout, les uns aux yeux bleus et à la peau légèrement pigmentée, les autres à la peau blanche et aux yeux de couleurs différentes.

Cependant, les contacts qu'ils ont établis leur ont permis de s'adapter à la vie dans le nord, dans les conditions extrêmes, en gardant le haut niveau de diversité génétique qui n'est pas propre aux habitants d'autres régions de ce sous-continent.

Pour leur étude, les chercheurs se sont notamment intéressés aux restes des anciens habitants de la Scandinavie [56], enterrés sur la côte ouest de la Norvège, sur les îles suédoises de Gotland et de Stora Karlsö, en mer Baltique, il y a *6.000 à 9.000 ans.*

Grâce aux températures extrêmement basses et au pergélisol, un cryosol gelé en permanence, au moins pendant deux ans, rendu de ce fait imperméable, qui existe dans les hautes latitudes mais aussi dans les hautes altitudes, les restes ont été très bien conservés. Ce fait a permis aux scientifiques de restaurer les génomes avec presque la même précision que pour le matériel génétique des humains modernes.

16. L'Haplogroupe hyperboréen Y-DNA N1c1 des Saamis (et mt U5 et V)

Les Saamis (ou lapons) sont le peuple indigène du nord de l'Europe. Ici, depuis des millénaires, les femmes transmettent de mère en fille un ADN très ancien, en particulier *L'Haplogroupe mitochondrial V (Velda),* et les hommes de père en fils *l'Haplogroupe Y-ADN N1c.*

Répartis sur trois pays la Suède, la Norvège et la Finlande, ils ont leur propre Parlement au sein de ses 3 pays. Longtemps nomades, ils ont vécu de l'élevage des rennes parcourant de vastes territoires. certains se sont sédentarisés mais pas tous. Ils sont encore environ entre 100 000 et 130 000 personnes, bien que leur mode de vie nomade soit très entravé par l'industrialisation , les compagnies exploitantes etc...

Leur chant traditionnel est le Jojk.

Laila Suzanne Vars, vice- Présidente du Parlement SAMI de Norvège

Actuellement, bien que leurs pratiques chamaniques aient été réprimées de façon sanglante lors de la christianisation, elles persistent encore, en particulier par l'utilisation du tambour chamanique, l'évocation d'un animal et l'utilisation de plantes et d'écorces médicinales.

C'est chez eux que les Américains, influencés par les anciens mythes, ont situé le *Père Noël*.

Les Saamis étaient les *derniers chasseurs-cueilleurs d'Europe*. Ils ont gardé un mode de vie semi-nomade jusqu'à l'époque moderne, élevant principalement des rennes et des moutons.

Ils sont apparentés aux Finlandais qui, comme eux, parlent une langue ouralique, mais sont très distinctement génétiquement des autres Européens.

Les Saamis sont les seuls européens qui ne possèdent aucun adjuvant autosomique du Caucase, de l'Asie occidentale, de l'Asie du Sud-Ouest ou de l'Afrique.

Ils ont aussi le plus haut niveau d'ascendance mésolithique européenne et ancienne de l'Eurasie du Nord.

Leurs lignées matrilinéaires sont étonnamment non diversifiées, possédant 48% d'*U5b1b1* et 42% de *V* (V1a1a et V5).

Ces *nomades mésolithiques* auraient été poussés toujours plus au nord et à l'ouest par la vague des agriculteurs néolithiques qui ont rapidement colonisé le sud-est puis l'Europe centrale.

Les *Peuples des Haches de Combat*, il y a 4 500 ans, ont envahi plus tard le sud de la Scandinavie et la Baltique orientale, repoussant les restes des chasseurs-cueilleurs d'*Haplogroupe nordique mitochondrial U5b et V* à l'extrême nord de l'Europe. Il y a environ 2 500 à 3 000 ans, les locuteurs ouraliens du nord de la Russie se sont installés dans le nord de la Fennoscandie avec leurs troupeaux de rennes, apportant un semblant de style de vie néolithique.

Ils portaient l'Haplogroupe chromosomique *Y-DNA N1c1* et (au moins) *l'Haplogroupe mitochondrial Z1*, tous deux d'origine sibérienne.

Les tribus ouraliennes se seraient mariées avec les chasseurs-cueilleurs du nord de la Fennoscandie et auraient remplacé progressivement leurs lignées paternelles par des lignées ouraliennes, tout en conservant la plupart des lignées maternelles locales. Le processus était certainement graduel, et impliquait probablement une sorte de domination d'élite parmi le chef de clan, comme c'est commun chez les sociétés d'élevage.

Avec le patriarche et le propriétaire du troupeau mariant des femmes chasseurs-cueilleurs locaux à chaque génération, les locuteurs ouraliens se rapprochaient de plus en plus génétiquement des Fennoscandiens indigènes, ce qui explique pourquoi les Saamis modernes ont moins de 3% d'ADN autosomique sibérien malgré leurs 53% *de lignées patrilinéaires N1c1*.

D'autre part, l'autre moitié de leurs lignées paternelles semble être un mélange d'Y-Haplogroupes norvégiens, suédois et finlandais (*I1, R1a* et *R1b,* avec des traces *de E1b1b* et *J2*), ce qui peut s'expliquer par le nombre croissant des Scandinaves et des Finlandais se déplaçant vers le nord et prenant des femmes saami au cours des derniers siècles.

Selon toute vraisemblance, aucune des lignées originelles d'ADN-Y des Fennoscandiens mésolithiques ne survit aujourd'hui.

D'anciens tests d'ADN ont montré que les Scandinaves mésolithiques portaient des *Y-Haplogroupes I et I2a1,* qui étaient probablement les lignées paternelles de ces populations *U5b* et *V* d'origine.

D'après Eupédia.

17. L'Haplogroupe mitochondrial V nordique

Distribution du mt DNA Haplogroupe V en Europe

L'ADN mitochondrial a été extrait du squelette d'un homme de *Cro-Magnon* d'il y a *28.000 ans*, trouvé dans le sud de l'Italie, et son Haplogroupe a été identifié HV ou pré-HV.

On sait maintenant que les seuls Haplogroupes matrilinéaires réellement natifs d'Europe, ou d'origine hyperboréenne sont les Haplogroupes mitochondriaux *résiduels H,V et U*.

Les plus anciens *Haplogroupes V*, qui dérivent de *l'Haplogroupe HV* ont été trouvés au Danemark (site moyenâgeux de Skovgaarde et Viking de Galgedil) et en Angleterre.

L'Haplogroupe V atteint sa plus haute incidence dans le nord de la Scandinavie (40% des Saamis/Lapons), le nord de l'Espagne, les Pays-Bas (8%), la Sardaigne, et les îles de la Croatie, et même au Maghreb.

Il est probable que *H1, H3 et V, ainsi que l'Haplogroupe U5, furent les Haplogroupes principaux des chasseurs-cueilleurs d'Europe occidentale (WHG)* (probablement d'origine néandertalienne).

L'Haplogroupe V représente la principale branche généalogique issue de l'Haplogroupe HV0, qui est définie par les mutations T72C et T16298C.

Ce que l'on appelle Haplogroupe V est en réalité un changement (plus commode) *de nom de l'Haplogroupe HV0a2.*

La mutation définissant *l'Haplogroupe HV0* aurait eu lieu autour du dernier maximum glaciaire (il y a 19 000 à 26 000 ans), alors que *l'Haplogroupe V* serait apparu à la fin de la période glaciaire, il y a entre *16 000 et 12 000 ans.*

Un premier argument en faveur d son origine hyperboréenne est sa prévalence extrêmement élevée chez les Saamis, possédant très peu d'adjuvants néolithiques, et qui ont maintenu un mode de vie chasseur-cueilleur à travers les âges. C'est la meilleure preuve que l'Haplogroupe V n'est pas originaire du Proche-Orient mais du Mésolithique.

Un deuxième argument est que *HV0 et V* sont beaucoup plus rares au Proche-Orient qu'en Europe, et pratiquement absents dans la péninsule arabique, en Mésopotamie et en Géorgie, trois des régions les plus ascendantes dérivées du Néolithique Fertile.

La question qui se pose est de savoir où la première femme *HV* a eu sa mutation d'*HV0* ?

Si la première hypothèse formulée est que cela s'est certainement produit au plus fort de la dernière période glaciaire, alors que les glaciers auraient rendu la moitié nord de l'Europe inhabitable. Les chasseurs-cueilleurs se seraient réfugiés dans le sud de l'Europe.

Il existe une autre hypothèse, beaucoup plus plausible. C'est que *HV0* se soit développé en *Anatolie* pendant cette période et ait déménagé en Europe plusieurs millénaires plus tard, pendant la période glaciaire tardive, lorsque les glaciers ont commencé à reculer et que les tribus nomades du sud de l'Europe ont commencé à recoloniser le nord de l'Europe.

Mais ce ne sont que des hypothèses, et il n'est pas exclu que la réalité soit un peu de toutes, avec peut-être même une prédominance de la persistance de peuples sur place dans le grand nord.

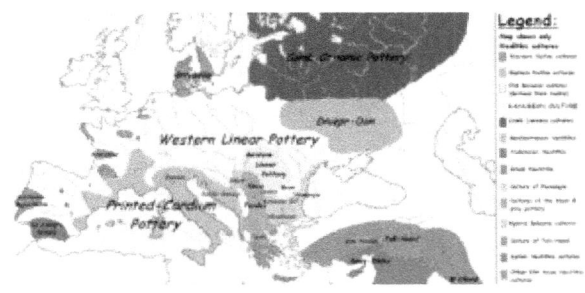

Carte des cultures du néolithique moyen

Un certain nombre d'études des squelettes découverts ont identifié *HV0 et V* parmi les restes de nombreuses cultures néolithiques européennes, y compris (chronologiquement) la *culture Starčevo,* Hongrie (échantillon V ± 7.600 ans) et la Croatie (échantillons HV0 et V, dont un V6), une culture potentiellement étiquetées comme *indo-européenne kourgane*, ou européenne anatolienne, *la culture rubanée (LBKT),* ou *linéaire d'Europe centrale*, (de peuples encore cannibales, descendant des *Néandertaliens*) en Hongrie (échantillon V ± 7 100 ans),

Pot cassé en céramique rubanée de Scheuditz-Altscherbitz, Allemagne,

la culture de Rössen en Allemagne (échantillons HV0 et V de ± 6650 ans), *la culture de Salzmünde* ou *culture des vases à entonnoir* en Allemagne (échantillon V ± 5 200 ans) , sa branche, *la culture de Bernburg* en Allemagne (± 4,850 ans),

Vase à entonnoir

la culture atlantique mégalithique en Irlande du Nord (± 5,200 ans)

Tumulus mégalithique de la vallée de la Boyne (Newgrange)

et la culture de la ***céramique cordée scandinave*** (± 5 000 ans HV0 et V) dans le sud de la France.

Deux échantillons HV0 issus de la culture de la *céramique perforée* (vers *3200-2300 BCE*) en Suède sont officiellement classés comme mésolithiques, mais sont contemporains des cultures chalcolithiques et de l'âge du Bronze ancien ailleurs en Europe. Il n'est donc pas exclu que cette lignée soit issue de mariages mixtes avec des paysans voisins, ou représente des agriculteurs qui ont repris le style de vie des chasseurs-cueilleurs en raison des conditions climatiques défavorables en Scandinavie à l'époque.

Un Haplogroupe absent des sites préhistoriques du nord-est, et des sites indo-européens

L'Haplogroupe V n'a pas été trouvé dans les sites préhistoriques du nord-est de l'Europe, ni dans aucune sépulture indo-européenne dans la steppe eurasienne ou en Asie centrale.

C'est particulièrement étrange car il est présent partout en Europe aujourd'hui, et sa fréquence est supérieure à la moyenne européenne dans le nord-ouest de la Russie (> 5%).

Il n'a été retrouvé qu'une seule personne de l'âge du bronze précoce ,de 3 500 ans avant notre ère, provenant de la *culture Novosvobodnaya* dans le Caucase du Nord se révélant positive pour l'Haplogroupe V - plus précisément V7 [57].

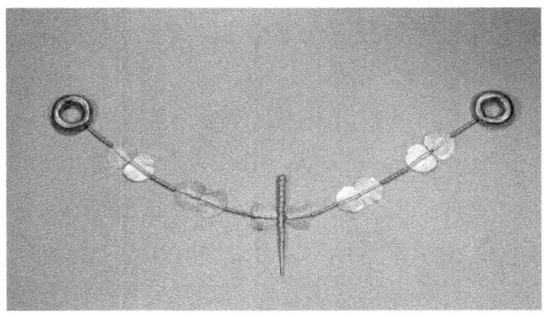

Le plus vieux collier en or d'Europe trouvé dans une tombe du village de Novosvobodnaya,

Cette culture particulière était comprise entre la *culture Maïkop, ou culture kourgane*, la première culture de l'âge du bronze au monde, et la *culture des cavaliers Yamna* occupant la steppe pontique-caspienne et largement considérée comme la patrie des locuteurs proto-indo-européens, ou du moins la *branche R1b*.

Vaisselle en argent d'un kourgane de Maïkop

L'Haplogroupe V7 est maintenant présent dans les pays slaves, en Allemagne et en Scandinavie, toutes régions associées à la propagation de la *branche R1a* des Indo-européens (*peuples caucasiens*) à travers la culture de la céramique cordée, ainsi que plusieurs échantillons V (dont un V9) de la *culture d'Unétice*. HV0 et V sont de nouveau remarquables par leur fréquence extrêmement basse par rapport à aujourd'hui, amenant à penser qu'il a voyagé avec *Y-R1b*.

La branche R1a est en grande majorité à l'origine des peuples slaves.

Il est néanmoins possible que *l'Haplogroupe HV0 / V* soit présent parmi les *locuteurs proto-indo-européens* des *cultures Maïkop et Yamna*, considérant que sa fréquence est aussi élevée dans le Caucase du Nord-Ouest et la Steppe Ponto-Caspienne aujourd'hui, que partout ailleurs en Europe.

Les deux sous-clades V les plus susceptibles d'avoir fait partie des *migrations indo-européennes* sont *V7a*, trouvé principalement dans les pays slaves, et *V15*, qui se trouve dans le nord-ouest de l'Europe et en Arménie (qui le relierait à *Y-Haplogroupe R1b*).

L'Haplogroupe V a également été trouvé dans la plupart des populations ouraliennes et altaïques d'Asie du Nord, et même à des fréquences allant jusqu'à l'est de la Mongolie.

Certaines lignées V auraient pu être absorbées par l'expansion des populations Oural-Altaïques (*Y-Haplogroupe N*) en Asie du Nord, ce qui expliquerait sa fréquence élevée parmi les Finlandais et les Saamis.

D'après Eupédia [58].

18. L'Haplogroupe mitochondrial H, un Haplogroupe mégalithique pré-caucasien

L'Haplogroupe H est la lignée maternelle la plus courante et la plus diversifiée en Europe, dans la plupart du Proche-Orient et dans la région du Caucase.

Il possède environ 90 sous-clades basales identifiés à ce jour, plus dont eux-mêmes subdivisés en autres sous-clades.

Les plus courantes sous-clades sont *H1, H2, H3, H4, H5, H6, H7, H10, H11, H13, H14* et *H20*.

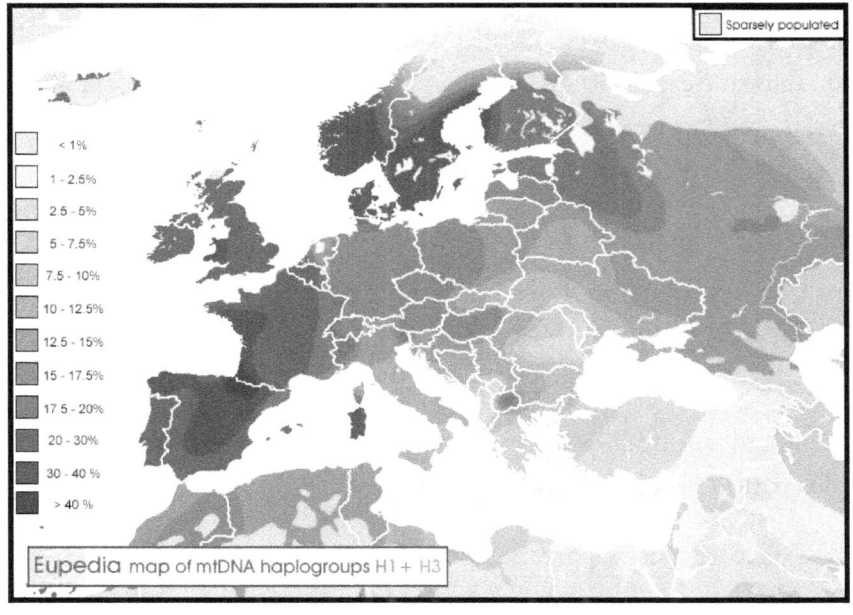

Carte des Haplogroupes mt H1 et H3 en Europe

La *séquence de référence Cambridge* (CRS), la séquence mitochondriale humaine à laquelle toutes les autres séquences sont comparées, appartient à *l'Haplogroupe H2a2a*.

La mutation déterminant *l'Haplogroupe H* a eu lieu il y a au moins *25.000 ans* et peut-être même plus près de 30.000 ans.

Son lieu d'origine reste inconnu à ce jour, mais est probablement quelque part dans le nord-est de la Méditerranée (Balkans, Anatolie ou Levant), ou *peut-être même en Italie*.

Seulement quelques séquences d'ADNmt préhistoriques de cette période ont été testées à ce jour.

Il semblerait que les populations européennes appartenaient principalement à l'*Haplogroupe U (U2, U5, U8)*, tandis que les quelques échantillons d'Espagne, du Portugal et d'Italie datant de 18.000 à 10.500 ans pourraient avoir appartenu à l'*Haplogroupe H* et peut-être même *H1 ou H3*, et à l'*Haplogroupe V* dans le nord de l'Europe.

La plus ancienne preuve irréfutable de la présence de *H1 et H3* en Europe provient du site de 5.000 ans de Treilles en Languedoc, en France.

17 séquences d'ADN mitochondrial ont été extraites de ce site de la culture de la *céramique cordée*, dont trois appartenant à l'Haplogroupe H1 et trois à H3.

Les hommes appartenaient à l'Haplogroupe *Y-ADN mésolithique européen I2a*, et à *l'Haplogroupe G2a*, arrivé il y a 8 000 du Proche Orient avec l'agriculture.

Il faut noter cependant que les hommes I2a appartenaient exclusivement *à H1 et H3*, une preuve convaincante que H1 et H3 étaient en fait des lignées ayant appartenu à des *chasseurs-cueilleurs mésolithiques d'Europe de l'Ouest*.

H1 se trouve dans la plupart des pays d'Europe centrale, orientale et nordique, mais aussi en Asie centrale, où elle aurait pu être propagée par les migrations des *peuples nordiques*.

D'autres sous-clades de H semblent très anciennes, et se trouvaient aussi probablement parmi les populations d'Europe *mésolithique ou même du Paléolithique supérieur*, d'après leur présence exclusive en Europe aujourd'hui.

Cela pourrait être le cas des Haplogroupes *H4, H10, H17, H45*.

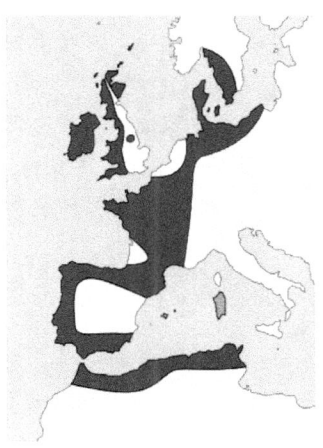

Extension du mégalithisme atlantique préhistorique en Europe

Les *lignages H1 et H3* auraient été certains des mt-Haplogroupes plus répandues parmi les cultures mégalithiques atlantiques d'Europe occidentale, qui s'étendaient sur l'ensemble des périodes néolithique et chalcolithique, à partir du 5e millénaire avant notre ère jusqu'à l'arrivée des *Proto-Celtes (Y-ADN R1b)* de 2200 avant notre ère à 1800 avant notre ère.

Cairn recouvrant le dolmen de la Table des Marchand, Locmariaquer, France

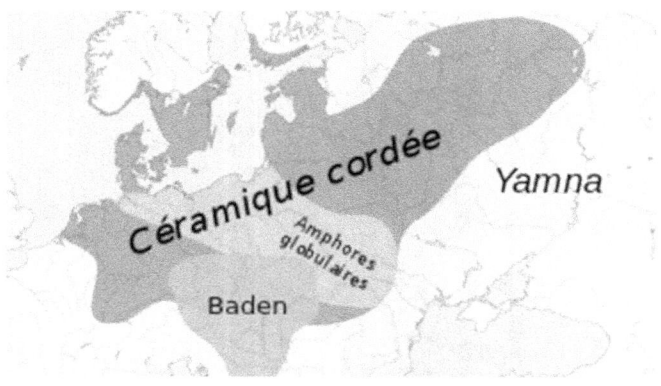

Les cultures du nord-est européen v. 3200-2300 av. J.-C.

Les Haplogroupes *H2b, H6a1b, H13a1a1a et de nombreux autres sous-clades de H indéterminées* (y compris de nombreux probables H1 et H5) ont été trouvées parmi les échantillons d'ADN mitochondrial des *Cavaliers Yamna*, qui occupait la Steppe pontique durant l'âge du Bronze.

H6, absent d'Europe avant l'âge de Bronze, a une distribution tellement large à travers le continent aujourd'hui qu'il a probablement été répandu par les branches *R1a et R1b des Indo-européens*. *(peuples caucasiens)*

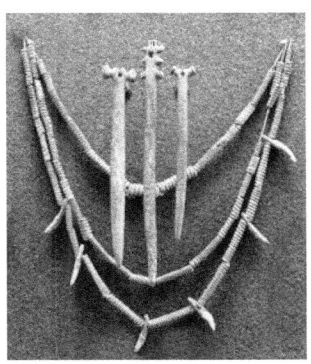

Bijoux en os et canines de la culture Yamna, Hermitage Exhibitions, Saint-Pétersbourg, Russie

La *culture d'Unétice*, (détaillée au chapitre sur *L'Haplogroupe R1b* et les *Cavaliers Yamna*) qui semble marquer l'arrivée *de R1b* en Europe centrale (mais qui se chevauchent avec l'expansion de *R1a* précédente), a révélé des individus appartenant *à H2a1a3, H3, H4a1a1a2, H7h, H11a et H82a*.

La lignée *mt H* est aussi la lignée mitochondriale royale européenne de l'ouest,(sous-clade non encore déterminée) qui compte parmi ses membres l'Empereur Maximilien II, Marie de Médicis, Louis XIII, Louis XV, James II d'Angleterre, Ferdinand VI d'Espagne, Léopold, roi des Belges, La Reine Victoria, Louis 1er du Portugal, l'Empereur Guillaume II d'Allemagne et roi de Prusse, Ferdinand 1er de Roumanie, Georges II de Grèce, Carl Gustave de Suède etc...

Tous ces parents de la reine Victoria sont des descendants d'Anne Jagellon de Bohême et de Hongrie (1503-1547) qui eut 15 enfants et descendait à la fois des Habsbourg, de Foix, de Castille, d'Aragon, de Navarre, d'Albret, de Bourbon, de Stafford etc.

Et la lignée *mt H3,* est la lignée royale européenne d'Autriche.

Elle comprend Marie Thérèse d'Autriche, Frédéric Guillaume II de Prusse, l'Empereur Léopold 1er, Marie-Antoinette, reine de France guillotinée, Guillaume 1ee des Pays-Bas, Marie-Thérèse impératrice, 2e épouse de Napoléon, Napoléon II, Marie-Josépha et Marie-Christine, reines d'Espagne, Victor-Emmanuel II d'Italie, l'Empereur Ferdinand 1er d'Autriche, Léopold II des Belges, l'Empereur Charles 1er d'Autriche etc.

D'après Eupédia [59].

19. L'Haplogroupe mitochondrial hyperboréen U des Vikings

L'Haplogroupe U est extrêmement ancien. Il est apparu il y a 60.000 ans C'est pourquoi chacun de ses sous-groupes principaux (U1, U2, U3, ...) peut être considéré comme un Haplogroupe de plein droit.

L'Haplogroupe nordique U5

L'Haplogroupe *U5* est la variante de U la plus courante en Europe occidentale et Europe du Nord. Les tests ADN sur des squelettes anciens ont montré que *U5* était l'Haplogroupe mitochondrial principal des *chasseurs-cueilleurs du Paléolithique et du*

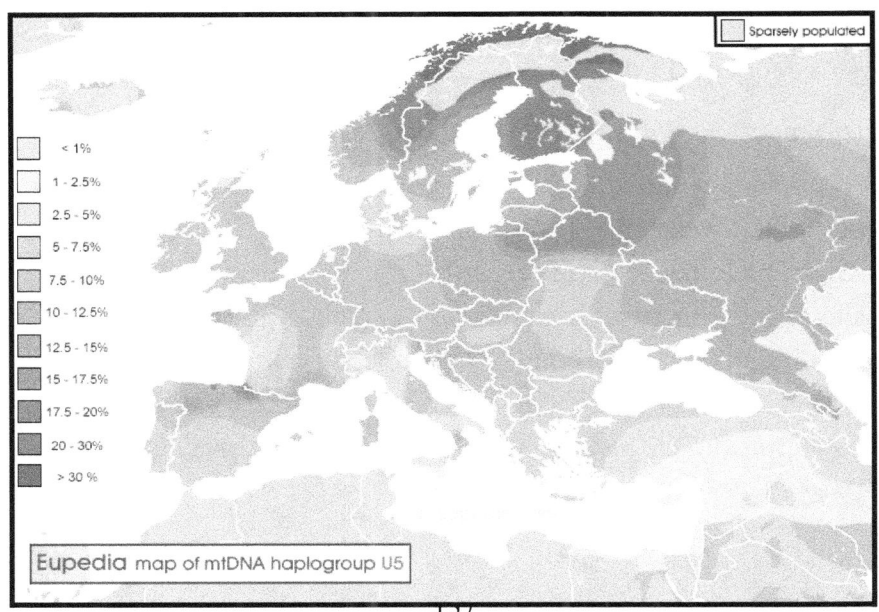

Mésolithique dans le Nord de l'Europe.

Il peut aussi bien être apparu il y a *50.000 ans* qu'il y a 35.000 ans, U5 semble avoir été une lignée maternelle importante chez les chasseurs-cueilleurs du Paléolithique européen (Cro-Magnon) et même la lignée dominante à partir de l'époque mésolithique.

Les plus vieux échantillons de U5 tous datés du culture du Gravettien.

D'après Eupédia [60].

L'Haplogroupe caucasien U4

De manière générale, *U4* est un Haplogroupe peu fréquent, plus courant dans les pays baltes et slaves et autour du Caucase que partout ailleurs. Il est apparu il y a environ *25.000 ans,* au cours du DMG.

U4 semble avoir été une lignée relativement courante chez les chasseurs-cueilleurs européens de l'époque mésolithique. Cette lignée a été trouvé dans les squelettes mésolithiques de Russie (y compris quelques échantillons *de U4a1*), de Lituanie, de Suède et d'Allemagne. Sur base du petit nombre d'échantillons mésolithiques testé à ce jour, *U4* semble avoir été beaucoup plus fréquent dans le nord-est de l'Europe qu'ailleurs. Cela semble logique puisque *U4* montre une corrélation très forte avec l'*Y-Haplogroupe R1a* de nos jours.

Des tribus *pré-indo-européennes R1a/U4* originaire d'Europe de l'Est, auraient traversé toute l'Europe et survécu dans des poches isolées d'Europe occidentale depuis le Néolithique.

On peut donc parler pour *U4* d'un des Haplogroupes des *peuples caucasiens*.

Les Haplogroupes des femmes vikings

Une étude menée en 2015 sur l'ADN mitochondrial d'ossements anciens exhumés en Norvège[61] , a montré que les femmes ont activement participé à l'expansion viking, loin de se cantonner au rôle de femme au foyer. Elle a montré que les Vikings ne laissaient pas leurs épouses à la maison pendant leurs campagnes guerrières, et qu'elles participèrent au contraire de manière active à l'expansion viking.

Publiée dans la revue *Philosophical Transactions of the Royal Society*, cette étude portait sur le matériel génétique extrait de 45 spécimens exploitables d'ossements anciens exhumés dans le centre et le nord de la Norvège, et datés entre l'an 793 et l'an 1066. C'est sur l'ADN mitochondrial, que les chercheurs se sont penchés. Il a été comparé à celui d'habitants de l'Islande médiévale ainsi qu'à celui de populations modernes d'Europe.

On y retrouve un ancien haplotype (A5863B: 16 153A – 16 189C – 16 304C) n'appartenant pas à *l'Haplogroupe H* , qui n'est plus retrouvé chez les individus modernes. C'est peut-être une lignée éteinte ou rare.

Un autre individu, *U5*, une femme adulte découverte en 1942 à Vevelstad, Helgeland, Nordland (A4448), a une séquence caractéristique *du U5b1b1*, parfois appelée «*motif saami*» (16 144C – 16 148T – 16 189C – 16 270T – 16). 335G). Le squelette est classé comme nordique, sur la base des découvertes archéologiques associées, à savoir un monticule funéraire et une hache. .../...

Alors que les sépultures des Saami étaient généralement des crémations ou des enterrements sur des éboulis avec un linceul d'écorce de bouleau et des restes de faune, il pourrait s'agir d'un individu d'origine saami enseveli selon la coutume nordique.

Ce dernier scénario est plausible, car les Nordiques et les Saami ont coexisté pendant des siècles et des preuves archéologiques et historiques suggèrent que les mariages mixtes étaient une pratique courante, en particulier parmi les élites.

La proportion plus élevée de lignées d'ADNmt partagées entre notre ancien ensemble de données, et les Orkneys et les Shetlands implique que les femmes de la Scandinavie du *dernier Âge du fer* ont pris une part active à la colonisation de nouvelles terres.

"Les femmes Nordiques ont participé au processus de colonisation. Un nombre significatif d'entre elles a été impliqué dans l'établissement sur les petites îles" expliquait Erika Hagelberg, du département de Biosciences d'Oslo, et une des auteurs de l'étude.

En fait, les vikings se déplaçaient en famille lors des raids, avec les enfants, bétail compris.

En 2017 furent menées des analyses ADN provenant de restes humains trouvés dans la *tombe de Birka* [62], l'une des plus célèbres sépultures Viking du Xe siècle découverte à la fin du XIXe siècle sur l'île de Björkö.

Outre une épée, un couteau, une lance, des flèches, des boucliers, le guerrier était enterré avec deux chevaux .

Réalisées par des chercheurs de l'Université d'Uppsala et de l'Université de Stockholm, et publiées dans la revue *American Journal of Physical Anthropology* en 2017, ces analyses ont confirmé que ces restes humains appartenaient bien une femme, confirmant ainsi la présence de femmes-guerrières de haut-rang dans la société viking, baptisées **S***kjaldmö*.

La *Skjaldmö* est un terme en vieux norrois qui désigne une jeune femme guerrière armée d'un bouclier dans la mythologie nordique.

Le mythe de la *Walkyrie* (proche du mythe grec des amazones) est fondé sur l'épopée des *Skjaldmö*. La Saga de Hervor et du roi Heidrekr décrit ces femmes combattantes dont Hervor, et sa mort.

La *Gesta Danorum* raconte le déroulement de la bataille de Brávellir au cours de laquelle plusieurs centaines de *Skjaldmö* participèrent au combat. Les femmes guerrières *Skjaldmö* apparaissent également dans les récits légendaires chez les *Goths*.

.

La Mort de la Skjaldmö Hervor. (œuvre de Peter Nicolai Arbo)

20. La Civilisation camunienne alpine, mère des Civilisations celte et germanique

Lorsque j'ai découvert cette civilisation unique de la vallée Camonica en Italie, il y a plus de 40 ans, j'avais été surprise par plusieurs pétroglyphes de scaphandriers. Je n'avais pas été convaincue par les hypothèses formulées de l'époque, de visiteurs extra-terrestres.

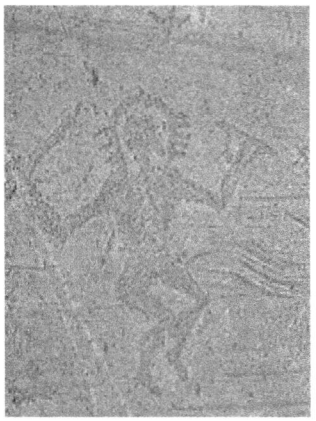

L'astronaute

Les gravures rupestres du Val Camonica sont très proches de celles du Mont-Bego (la montagne divine) en France, dans le Mercantour.

Maintenant, que j'ai appris, que de nombreuses tribus primitives, *Néandertaliens*, *Amérindiens*, *Saamis* du cercle polaire arctique, se paraient d'une *coiffe de plumes d'aigle ou de vautour*, il n'est pas exclu que le « scaphandre » ait été une parure de chefs de clan ou spirituels, peut-être même, associée à des pouvoirs magiques, ou une puissance thérapeutique venue des temps immémoriaux, et qu'il ait été représenté ici des combats singuliers de chefs spirituels.

Foto E. Anati

En effet, on peut noter l'absence d'appendice sexuel, qui pourrait être la distinction symbolique du chef spirituel en opposition à un humain profane sexué.

Emmanuel Anati [63], grand spécialiste italo-israélien de cette civilisation évoque un *culte du Soleil*.

Les Camuniens étaient surtout de valeureux chasseurs, à en croire l'importance des animaux représentés. Ils avaient des lances, des poignards, accordaient une grande valeur au courage et à la force physique (visible à la représentation d'une musculature importante).

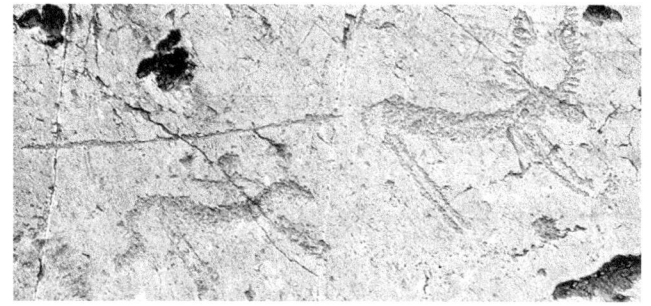

La chasse au cerf

Culte solaire et « palettes » Foto E. Anati

Il est possible que la vallée Camunienne ait été un sanctuaire pour tous les peuples de la région, à partir de la période glaciaire, du fait de l'exceptionnelle configuration des montagnes, du *massif de la Concarena*, sommet de la vallée Camonica culminant à 2 549 mètres, desquelles semble naître et mourir, chaque jour l'astre solaire, offrant une puissance magique quotidienne toujours renouvelée.

Il est aussi possible que cette civilisation ait attribué des rôles plus importants aux femmes dans toutes les pratiques rituelles et religieuses.

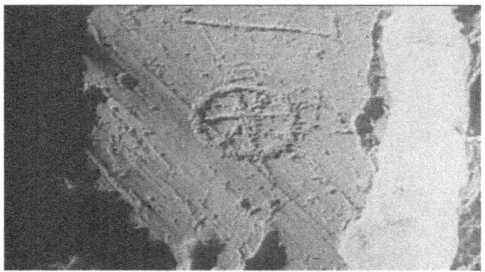

Roue solaire

Signes unciformes et femmes   Foto E. Anati

Si Emmanuel Anati a noté les incisions gravées des parures en double spirale, dont les archéologues ont même retrouvé le vrai pendentif, on peut aussi remarquer près des Camuniens des formes graphiques arrondies, cycliques, infinies,

du temps qui passe, du cycle des saisons, de la vie, des cycles solaire ou lunaire,

Hommes avec un chien, la spirale infinie, la lune, et le quadrillage

ou peut-être même d'un cycle de glaciations ?

Hagalaz ou neige

Qui sait ce que leur mémoire collective avait pu retenir, d'une éventuelle origine polaire ?

Maintenant que l'on sait <u>aussi</u> que tous les européens sont des *hybrides de Néandertal* et *d'un homo sapiens*, apparu, à ce que l'on a appris tout récemment, en Sibérie, que la lignée néandertalienne est bien plus ancienne que celle de l'homo sapiens et vient se greffer sur les Haplogroupes sapiens, pour donner *L'ad-mixture Y-DNA I*, justement celle retrouvée chez les *peuples nordiques*.

Nous pouvons donc raisonnablement penser que le déluge et la disparition d'une contrée hyperboréenne ne sont peut-être pas que des mythes fondateurs,
maintenant que des os de grands mammifères, des pointes de lances, et même des restes de cheminées sont remontés du Doggerland, par des pécheurs de mer du nord.

Les Camuniens sont les porteurs de l'*Haplogroupe Italo-Celte germanique R1b L11* [64], à l'origine de tous les Celtes, qui se sont de plus en plus déplacés vers l'ouest au cours du temps vers le îles britanniques, et de tous les peuples germaniques.

Les Camuniens vivaient comme nous, dans des maisons ressemblant étrangement à la *« grande halle viking »*. Les Camuniens sédentarisés, plus tard que les autres, après des milliers d'années, cultivaient la terre, utilisaient la charrue, menaient une vie rurale pas si lointaine de la nôtre, entourés de chiens, avec qui ils chassaient…

Charrue

La Rose Camunienne, devient l'emblème de la Lombardie.

Ils aimaient les fleurs, surtout leur « *rose* » qui ressemble plutôt à un trèfle à 4 feuilles.

Et surtout, surtout, ils gravaient des lettres qui pourraient correspondre, d'après l'ethno-anthropologue *Giovanni Marro* au plus ancien alphabet connu[65]. Cette hypothèse pourrait bien se confirmer, par la présence de signes retrouvés dans les cavernes européennes depuis plus de 30 000 ans.

Seulement, ils ont été assez avares d'inscriptions, et l'on n'a pas encore suffisamment d'éléments pour déchiffrer la langue.

Écriture Camunienne

Il existait encore, il y a environ 5 500 ans, un âge d'or européen d'échanges commerciaux, culturels, artistiques, linguistiques, voire même familiaux et donc génétiques.

Si l'Hyperborée , fut vraiment le paradis nordique que l'on croit, ce fut probablement la terre d'un *Âge d'or*, de chasseurs-cueilleurs nomades, dont les derniers moments purent encore être ceux de la *civilisation des mégalithes* (à laquelle participa aussi la civilisation camunienne), il est probable que la sédentarisation, avec l'apparition des notions de propriété, puis de profit, y ait mis fin, et qu'elle ait aussi largement diminué les échanges de peuples jusque-là extrêmement mobiles.

Si Hyperborée possédait une grand sagesse, ce ne peut en aucun cas être la nôtre, ni même notre forme de société actuelle, quant à une « super-technologie », aucun artéfact ne vient le prouver à ce jour en Europe.

21. L' Haplogroupe Y-ADN R1b-L11 caucasien

L'Haplogroupe R1b, est l'Haplogroupe Y-ADN le plus fréquent en Europe. Il correspond encore à 50% des européens.

L'écrivain et géographe grec *Strabon* (vers 63/64 av. J.-C. - 24 ap. J.- C.) décrit le *peuple des Camunni* comme une partie des peuples rhétiques et l'a rapproché des Lépontiens, qui étaient des descendants de Celtes :
Strabon, *Géographie, IV, 6.8*

Dans le *Projet Génographique* d'étude de l'ADN Y humain :

La branche spécifique aux *Italo-Celtes Germaniques est « R1b-L11 »*, qui a deux sous-sections (16):

* *l'Italo-Celtique* "R1b-S116/P312"
* *et la Germanique* « R1b- S21 / U106 »

Ils sont « issus de *peuples "indo-européens"* (donc caucasiens), *d'ADN Y-R1b* (marqueur du chromosome Y de l'ADN de père en fils),
en particulier la branche « *R1b-L51* ».

Elle n'existe qu'en Europe occidentale et dans certaines parties d'Europe de l'Est, et de *langage indo-européen* (pour reprendre l'ancienne terminologie qui ne convient plus).

Le Voyageur, gravure rupestre d'il y a 6 à 8 000 ans, Val Camonica, Italie

L'Haplogroupe R est apparu en Asie du Nord juste avant le *Dernier Maximum Glaciaire* (il y a entre 26.500 et 19.000 ans).

Cet Haplogroupe a été identifié dans les restes d'un garçon datant de 24.000 ans retrouvé dans la région de l'Altaï, dans le centre-sud de la Sibérie.

Les données du projet Génographique, marquent que la différenciation entre les peuples *Européens de la 3e période* celtes et germaniques (dans les grandes lignes, car rien n'est jamais simple, et il y a ensuite de nombreux mixages entre les lignées) a bien lieu au milieu de *l'Âge de bronze*.

« L'Haplogroupe R1b est l'un des groupes les plus puissants et les plus invasifs de l'histoire. »

En effet, près de **50%** des hommes d'Europe occidentale descendent, par lignée paternelle directement d'eux.

Les Yamna, peuple des kourganes

Ils ont éradiqué une grande partie des lignées paternelles indigènes dans des guerres. » d'après le site Eupédia.

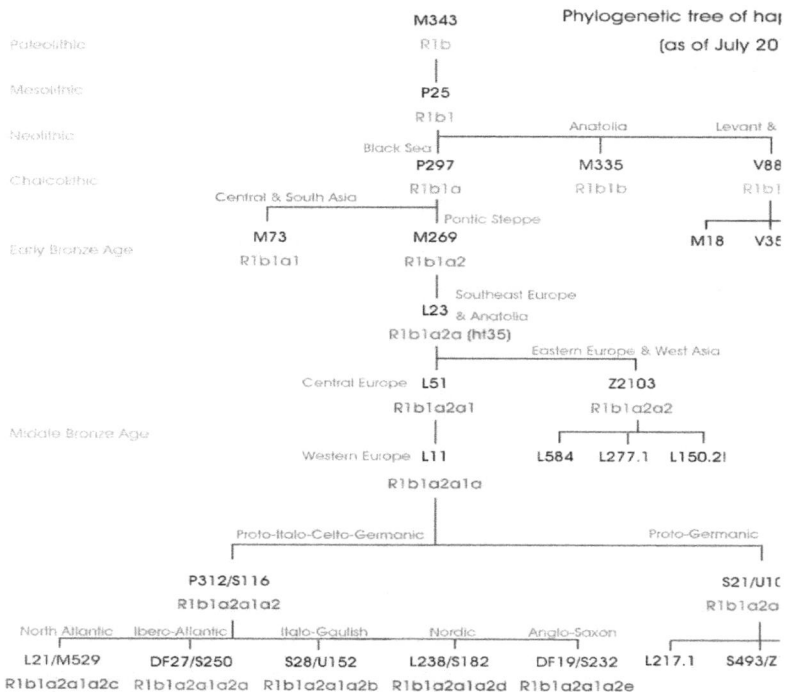

Tableau tiré du site Eupédia

Des indices archéologiques et génétiques (tels que la répartition des sous-clades de R1b) laissent entendre que plusieurs vagues de migrations consécutives se sont succédées vers l'Allemagne centrale et de l'est *entre 2 800 et 2 300 avant notre ère*.

La culture d'Unétice

La *culture d'Unétice*, une culture de *l'âge du bronze ancien*, a probablement été la première culture où les *lignées R1b-L11* ont joué un rôle important [66].

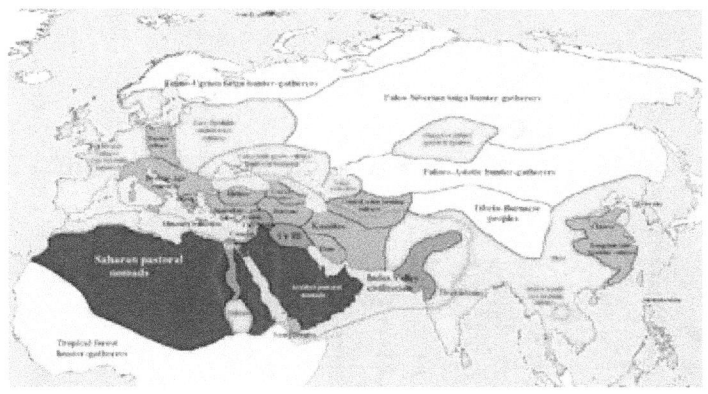

*En orange, les villages et chefferies de culture d'Unétice
(d'après Wikipédia)*

Les Camuniens étaient déjà implantés sur site depuis des milliers d'années, mais leur présence n'est signalée par Strabon (notre unique historien, peut-être un peu gréco-centré) que depuis l'âge de fer.

Peut-être Strabon ignorait-il l'existence des pétroglyphes, et des Mégalithes, qui apporte une autre dimension ?

Cette carte est importante car elle montre bien les liens géographiques, à l'âge de bronze, entre Camuniens et Phéniciens,

1. qui partagent les mêmes chefferies,
2. une écriture proche,
3. Une proximité génétique, en particulier pour les Haplogroupes mitochondriaux,
4. Ainsi que des échanges avec des zones nordiques en particulier grâce au commerce de l'ambre.

C'étaient des peuples presque-frères, et encore voyageurs.

A son origine, les « Cavaliers Yamna ».

D'où venaient-ils, ces « Italo-Celtes Germaniques » ?

Les Yamnayas, un peuple barbare, Futura-Sciences

En 2015, une étude d'ADN fossile étaya l'idée que « *les cavaliers Yamna* » s'étaient répandus en Europe *au Ve millénaire* et qu'ils seraient à l'origine des peuples dits de la « *céramique cordée* ». Cette culture est ainsi nommée, car ces peuples avaient l'habitude d'appliquer des motifs de cordelettes sur l'argile, avant la cuisson de leur poteries.

Ils se sont étendus de la Scandinavie, jusqu'à la Russie. Ils utilisaient eux aussi des *haches de combat*. On sait aussi maintenant qu'ils ne se sont pas arrêtés à l'Europe de l'Ouest, mais ont poursuivi leurs invasions en Asie à l'est et au sud.

Haak et al., en 2015, [67]ont réalisé une large étude du génome de 94 anciens squelettes d'Europe et de Russie.

Ils ont conclu que les caractéristiques autosomiques des personnes de la *culture Yamna* en russe : Ямная культура, en ukrainien : Ямна культура, « *culture des tombes en fosse* », sont très proches de celles des gens de la *culture de la céramique cordée*, avec une estimation de la contribution ancestrale de 73 % de l'ADN Yamna dans l'ADN des squelettes de la céramique cordée d'Allemagne.

La même étude a estimé une contribution ancestrale de 40-54 % de la culture Yamna dans l'ADN des *Européens modernes du Nord et du centre de l'Europe* et une contribution de 20-32 % pour les *Européens modernes du Sud*.

Ces *Cavaliers Yamna* sont donc à l'origine en grande partie des Européens actuels.

Les Cavaliers Yamna, utilisaient l'*ocre* pour décorer et peut-être désinfecter leur tombes, exactement comme l'avaient fait avant eux les *Néandertaliens*. Ils inhumaient leurs morts en position latérale, les genoux repliés dans des « *kourganes* », accompagnés d'animaux sacrifiés. Il est possible qu'ils aient eu en commun avec les *Néandertaliens* un cannibalisme (probablement rituel).

Leurs descendants ont la caractéristique génétique de pouvoir digérer le lait à l'âge adulte.

22. L'Haplogroupe hyperboréen mitochondrial K, une sous-clade de U8

L'*Haplogroupe mitochondrial K* est tellement rare qu'il n'est pas répertorié sur le site de référence Eupédia français.

Toutefois, je le connaissais déjà, l'ayant entre-aperçu dans l'étude de *Zahi Hawass* sur l'ADN ouest-européen des reines et des pharaons égyptiens en particulier de

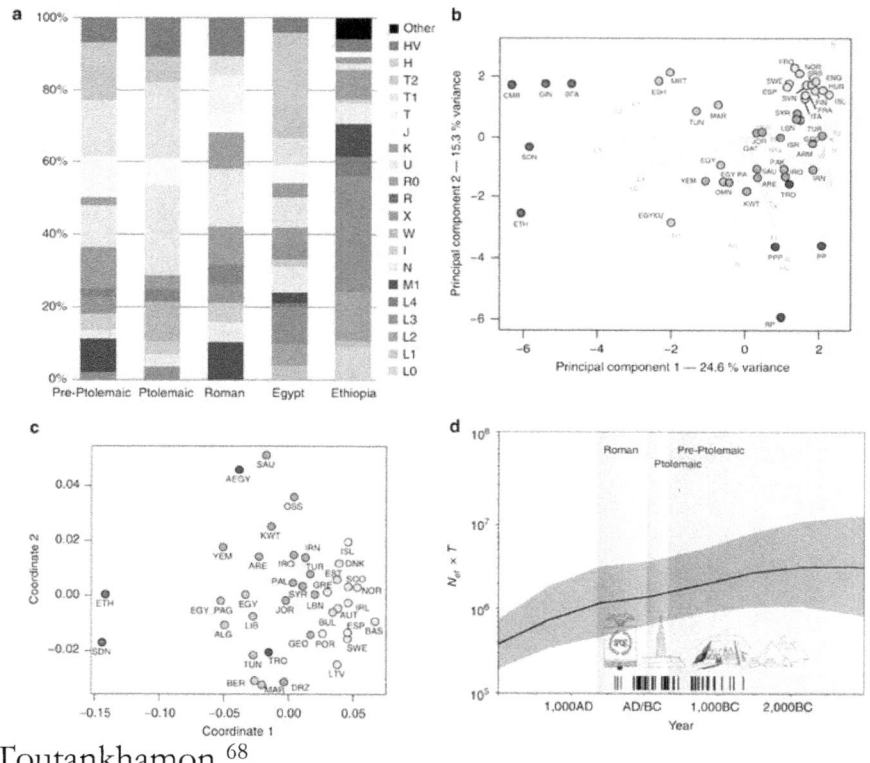

Toutankhamon [68].

Les ADN mt de 90 momies égyptiennes de reines et de pharaons.

Cette étude a fait grand bruit car personne ne s'attendait à autre chose que des Haplogroupes orientaux, et à la surprise générale, toute cette famille de 90 momies s'est révélée *d'ADN européen*, de même qu'il existait des momies blondes (non décolorées). Le *Dr Hawass* était l'ancien directeur des antiquités égyptiennes qui, depuis a pris sa retraite.

On pense que *l'Haplogroupe K* est originaire du Paléolithique moyen supérieur, il y a environ *30 000 à 22 000 ans*.

C'est la sous-clade la plus commune de l'Haplogroupe U8b avec un âge estimé à environ 12 000 ans.

L'Haplogroupe K a également été observé parmi les momies égyptiennes anciennes fouillées sur le site archéologique d'Abusir el-Meleq en Moyenne Égypte, qui datent des périodes pré-ptolémaïque/du Nouvel Empire et romaine.

Un ADN Hyperboréen, grec, il y a 9 000 ans à Théopétra

En 2016, des chercheurs ont extrait l'ADN du tibia de deux individus datés séparément de 7288-6771 avant notre ère et de 7605-7529 avant notre ère, enterrés dans la grotte de Théopétra, en Grèce, la plus ancienne structure humaine connue, et les deux individus appartiennent à *l'Haplogroupe K1c* d'ADNmt.

Un ADN de répartition aussi européenne du nord que moyen-orientale

Il apparaît en Europe du Nord, en Europe centrale, en

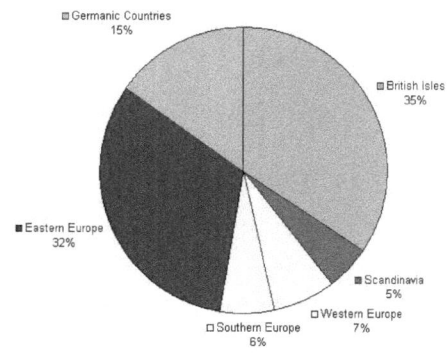

Europe du Sud, et un peu partout.

Répartition de l'Haplogroupe K par pays européens

Il est présent chez environ 10 % des Européens de souche.

On retrouve son maximum au niveau du grand nord, ce qui permet de lui attribuer une origine hyperboréenne.

Il est fréquent en Norvège et en Bulgarie (13,3%)[, en Belgique12,5% , 11% en Géorgie et 10% en Autriche et Grande-Bretagne avec un niveau plus élevé en Irlande.

Sa répartition européenne actuelle évoque une répartition

d'origine nordique (voire même une distribution viking vers l'Islande).

Frequency of mtDNA Haplogroup K in Europe

Un ADN mitochondrial de répartition ashkénaze

Bien que son origine soit donc européenne du nord, il est tout à fait possible qu'il y ait eu un important refuge, pendant la dernière glaciation, au Moyen-Orient pour expliquer cette importance moyen-orientale.

Globalement, l'Haplogroupe K de l'ADNmt se trouve dans environ 6% de la population de l'Europe et du Proche-Orient, mais il est plus fréquent dans certaines de ces populations.

Chez 16% des Druzes de Syrie, du Liban, d'Israël et de Jordanie, chez 8% des Palestiniens, et 17% au Kurdistan, permettant d'émettre l'hypothèse de colonies hyperboréennes, comme l'Égypte).

Une chose est sûre : environ 32 % des personnes d'ascendance juive ashkénaze appartiennent à l'Haplogroupe K.

Ce pourcentage élevé indique qu'un goulot d'étranglement génétique s'est produit il y a une centaine de générations (il y a environ 2 000 ans), et que l'ADNmt K Ashkénaze se regroupe en trois sous-classes rarement présentes dans les non-juifs : *K1a1b1a, K1a9 et K2a2a.*

Il est ainsi possible de détecter uniquement trois ancêtres femmes individualisées.

Contrairement à ce qui est généralement admis, de la transmission des caractères d'ascendance juive par les femmes, (également vraie) la réalité génétique montre plutôt, à l'origine, une transmission des caractères de la tribu par les hommes, par les Haplogroupes Y ADN, qui ont eu tendance, il y a moins de 4 000 ans (l'histoire d'Abraham et de ses 12 filles se situerait il a 3 700 ans en Chaldée, entre le Tigre et l'Euphrate, d'une tribu nomade), à choisir plutôt des femmes autochtones.

L'individualisation de la transmission des caractères d'ascendance juive par la mère et la communautarisation seraient donc plus récents, et ne dateraient que de cette période.

En ce sens l'évolution de l'Haplogroupe mt K suit un peu le même chemin que l'Haplogroupe mt J, fréquemment retrouvé chez les Celtes, et présent de façon très importante maintenant dans les populations ashkénazes américaines. Originaire du

Caucase, probablement très présent dans le mythique empire khazar, il apparaîtrait que de nombreuses porteuses auraient émigré aux Etats-Unis à l'occasion de la deuxième guerre mondiale accroissant ainsi sa représentation. Mais nous allons y consacrer tout un chapitre.

Un Haplogroupe archaïque, vecteur de transmission de la révolution néolithique.

L'Haplogroupe K a été trouvé dans les restes de trois individus du site néolithique B pré-potentique de Tell Ramad, en Syrie, datant d'environ 6000 avant J.-C.

Le clade a également été découvert dans les squelettes des premiers agriculteurs en Europe centrale vers 5500-5300 avant JC, avec un pourcentage qui était presque le double du pourcentage actuel en Europe moderne.

Certaines techniques d'élevage, ainsi que les races végétales et animales associées, se sont répandues en Europe à partir du Proche-Orient. Les preuves de l'ADN antique suggèrent que la culture néolithique s'est répandue par la migration humaine.

L'ADN mitochondrial d'Ötzi

Il y a aussi eu cette stupéfiante découverte d'un corps enseveli dans un glacier, mort de mort violente, qu'on a d'abord cru être un assassinat de notre époque. Jusqu'à ce que l'on constate qu'il était habillé bien étrangement.

L'analyse de l'ADN mitochondrial de cette momie congelée de 3300 av. J.-C. trouvée à la frontière austro-italienne, a montré qu'*Ötzi*, c'est le nom qui lui a été donné, appartient à la sous-clade K1.

Si les analyses réalisées sur ce corps, démontrent qu'il est né et a toujours vécu sur place, ses ancêtres paternels étaient originaires du Moyen-Orient et sont sûrement arrivés lors de la « révolution néolithique », amenant peut-être avec eux l'agriculture. Par contre ses ancêtres matrilinéaires étaient peut-être européens, et leur sous-clade ne peut être -classée dans aucune des trois branches modernes de cette *sous-clade (K1a, K1b ou K1c)*. La nouvelle sous-clade a été provisoirement nommée *K1ö* pour *Ötzi*. Pour l'instant, il est difficile d'en tirer une quelconque interprétation.

L'étude des essais multiplex a permis de confirmer que l'ADNmt de l'Iceman appartient à un nouveau clade d'ADNmt européen avec une distribution très limitée parmi les ensembles de données modernes.

Reconstitution d'"Ötzi,

La momie de l'homme des glaces a aussi montré qu'il était mort d'une flèche, probablement après une traque dans la montagne, mais surtout qu'il était atteint d'une maladie de Lyme chronique (transmise par les tiques) qu'il semblait avoir fait soigner par 61 tatouages situés sur les méridiens d'acupuncture. Ce qui laisse supposer déjà, il y a 5 300 ans un haut niveau de connaissances médicales traditionnelles [69], pourtant insoupçonné.

L'ADN mitochondrial de Sainte Marie-Madeleine

L'histoire fabuleuse de cet ADN ne s'arrête pas là .

C'est aussi celui de la femme retrouvée à la Sainte Baume, la potentielle épouse du Christ, arrivée aux Saintes-Maries-de-la-Mer, d'après la légende des gitans et la légende locale, avec Marie, mère du Christ, Marie sa servante égyptienne, Lazare le Ressuscité et Maximin, et repliée en Provence, qui finit sa vie en ermite dans une grotte.

La mèche de cheveux conservée dans le reliquaire de la basilique Saint-Maximin-la-Sainte-Baume, en France, attribuée depuis des siècles à la figure biblique Marie-Madeleine, a également été attribuée à l'Haplogroupe K. Le séquençage ADN ancien d'un bulbe capillaire a percé la *sous-clade K1a1b1a*, indiquant une origine maternelle probablement pharisienne et confirmant la véracité de la légende des *Saintes-Maries-de-la-Mer*.

L'Haplogroupe K1 a également été observé parmi des spécimens au cimetière continental de Kulubnarti, au

Ne me touche pas, dit Jésus à Marie-Madeleine, Marie Madeleine au tombeau, par Giovanni Paolo Lomazzo, Vicence, Pinacoteca Civica (1568).

Soudan, qui date de la période du début du christianisme (550-800 ap. JC).

Tous ces éléments montrent que cet ADN mitochondrial K, très ancien, hyperboréen, probablement d'origine néandertalienne, a joué un rôle important dans l'histoire et au moment de la révolution néolithique, et à l'aube du christianisme.

23 . L'Haplogroupe mitochondrial hyperboréen J, originaire des Steppes caucasiennes, et de diffusion Celte.

L'Haplogroupe J dérive de l'ancien *Haplogroupe JT*, qui a également donné naissance à l'Haplogroupe T. Il serait apparu il y a environ 45 000 ans chez une femme du Caucase [70].

On estime que la *branche J2* a été la première à se séparer de J il y a environ 37.000 ans, suivie *par J1* il y a quelque 33.000 ans.

Les lignées J bifurquèrent en sept sous-clades principales: J1b (il y a 23.000 ans), J1c (il y a environ 16.500), J1d (20.000), J2a1 (16.500 YBP), J2a2 (20.500), J2b1 (15.500 YBP) et J2b2 (11.000 YBP).

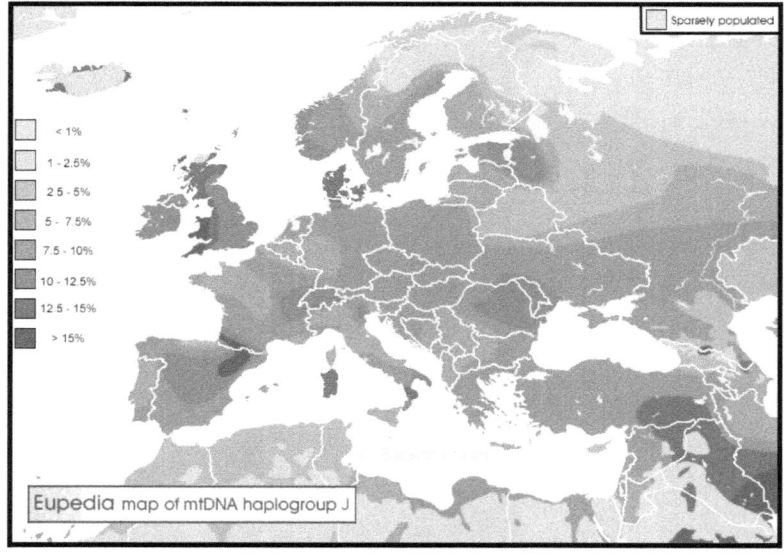

Répartition géographique de l'Haplogroupe J

Sa fréquence est élevée en Europe (11 %), dans le Caucase (8 %), au Proche-Orient (12 %), et en Afrique du Nord (6 %).

D'après sa forte distribution au Moyen-Orient, de nombreux auteurs lui font prendre naissance sur place, il est aussi hautement probable que le Moyen-Orient soit un refuge au DMG (dernier maximum glaciaire).

J1 est commun autour de l'Ukraine, jusqu'en Asie centrale et dans tout le Moyen-Orient.

Dans le reste de l'Europe, il est principalement concentré dans les pays germaniques (copiant la distribution de l'Haplogroupe paternel I1).

J1b n'a jamais été retrouvé en Europe avant *l'âge de Bronze* et a été très probablement propagé par *les Indo-européens* possédant les lignées paternelles *R1b (peuples caucasiens)*.

Il est très probable que *les cultures d'Unétice et des champs d'urnes* ont été fondées principalement par des hommes appartement *à R1b*. Les fréquences les plus élevées de J1b1a en Europe sont invariablement observées dans des régions avec des pourcentages élevés de R1b, tels que l'Islande (5,5 %), l'Écosse (3,5 %), le pays de Galles (3,5 %) et le Sud-Ouest de la France (2,5 %).

La *branche J1c2c* serait apparue entre il y a 6 900 ans et 2 200 ans et pourrait avoir voyagé avec les *Cavaliers Yamna* et s'être propagée d'abord avec la *Culture d'Unétic*e puis ensuite avec la *Civilisation Celte*.

J1c est tellement rare au Moyen-Orient aujourd'hui, qu'il

peut être envisagé que ce fut une *lignée de chasseurs-cueilleurs du sud des Balkans* au cours de l'Épi paléolithique, et qu'il n'a pas diffusé à travers le reste de l'Europe jusqu'à la période néolithique.

J2 est beaucoup plus rare que *J1*.

J2a se trouve de façon homogène dans la plupart de l'Europe.

J2b est plus fréquente autour de l'Anatolie et dans le Sud-Est de l'Europe.

24. Peut-on encore parler de races ?

Cela reste une vraie question. Et finalement la principale de ce livre. Les différentes ethnies ont-elles des caractéristiques génétiques précises, permettant de constituer des groupes humains différents ?

D'après Wikipédia, chez les animaux domestiques, la *race* est un rang taxinomique informel, *inférieur* à l'espèce.

Si l'on parle d'espèce humaine, la race est donc la division du dessous, soit les spécimens différenciés de phénotype (apparence) africain, européen (appelé d'ailleurs à juste titre au XIXe siècle caucasien), asiatique, ou autre.

Le Larousse [71], apporte un peu plus d'éléments : *n.f.* (nom féminin) venant de l'italien *razza* : ensemble des ascendants et des descendants d'une famille, d'un peuple. Exemple : la race de David.

Tiens ! Voilà que le vieux Larousse en 22 volumes de ma bibliothèque personnelle, à la fois bottait en touche pour tout ce qui était racisme, mais donne justement la définition de… L'Haplogroupe !

Actuellement, de connotation idéologiquement non correcte, cette définition n'est plus employée aujourd'hui dans la description du monde vivant que pour désigner les espèces et sous-espèces du monde animal en général. En effet, il n'est, pour l'humanité, par consensus, plus possible d'évoquer même la notion de race, sans penser au génocide des juifs du XXe siècle.

Chez les humains, les races ne peuvent plus être évoquées sans raviver un passé douloureux.

Alors laissons tomber les humains et parlons de chiens.

Et remplaçons

- *Néandertal* par *loup.*
- *Européen* par *husky.*
- *Africain* par *lévrier*
- *Moyen-oriental* par *lévrier afghan* etc.

Si l'on prend l'exemple de *Taïmyr,* en Sibérie, le premier chien moderne, eurasien, au génome proche du *loup,* est une sorte de *Husky.* Il a 44 000 ans et correspond à la race nordique, trapue, à la chaude fourrure adaptée au froid, solide. Il est malin, fidèle, sensible. Certains sont plus intelligents et dominants, ils sont capables de conduire la meute en attelage de traîneau.

En même temps, une autre race s'est développée en Afrique, un chien résistant à la chaleur, long mince à poil ras et capable de courir extrêmement vite, c'est le *lévrier.*

Dans les montagnes ce chien résistant se retrouve, toujours aussi fin et rapide, mais il s'est couvert de poils longs et protecteurs, contre le froid, c'est le *lévrier afghan.*

J'arrêterais là ma métaphore et chacun aura pu se faire son opinion, avec des arguments exclusivement factuels et scientifiques.

D'ailleurs la française, *Évelyne Heyer,* biologiste en anthropologie génétique au Muséum National de Paris, préfère pudiquement parler pour les humains de *cinq groupes de diversité génétique* pour les *50 groupes* de population existant dans le monde [72] :

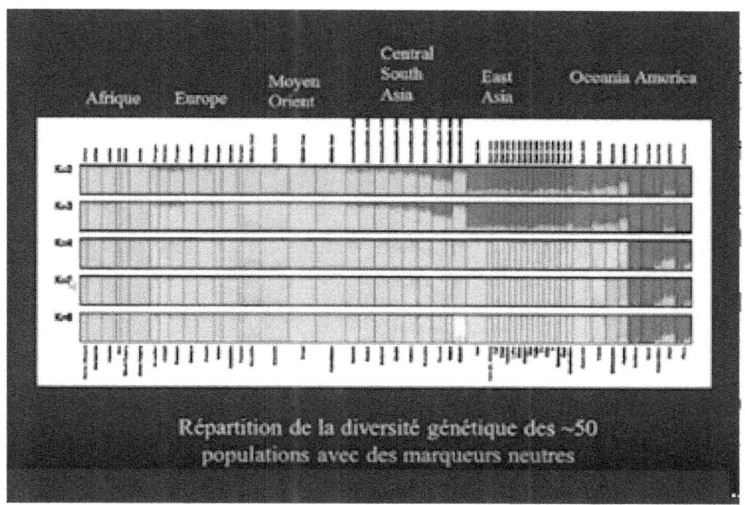

- en orange : les populations *d'Afrique*
- en bleu : les populations *d'Eurasie*
- en rose : les populations *d'Asie de l'Est*
- en vert : les populations *d'Océanie*
- en bleu foncé : les populations *natives d'Amérique*

Il est intéressant de regarder et écouter sa conférence jusqu'au bout, car elle passe beaucoup de temps à nous expliquer que les races n'existent pas pour plein de raisons, en particulier que la notion de race impliquerait une notion de hiérarchie. Elle nous montre ainsi sa principale peur idéologique. Si l'on acceptait la notion de race, on hiérarchiserait à nouveau les races, comme au XXe siècle et l'on prendrait ainsi le risque d'une exclusion voire d'une extermination de certains peuples.

Ainsi, si elle nous confirme l'existence de 5 groupes humains génétiques individualisés, elle nous rassure en en minimisant les différences : ces 5 groupes humains ne correspondent à des groupes qu'uniquement statistiques et géographiques, et les statistiques ne correspondent à rien de concret en matière d'être humain, puis ils ont trop peu de différences, soit environ 5% de gènes seulement, entre eux, pour correspondre à des races.

Puis elle relate longuement l'histoire de l'anthropologie et du racisme.

Je tiens donc à rappeler ici la définition de la vérité scientifique : « une proposition construite par un *raisonnement rigoureux*, et *vérifiée par l'expérience* », d'après Wikipédia, qui précise encore :

> « La vérité scientifique, pour mériter ce nom, ne doit pas dépendre d'une idéologie. »

Si de toute évidence les idéologies racistes du XIXe et XXe siècle ne peuvent plus être appliquées à la science à ce jour, elle souffre maintenant, à l'inverse, d'un autre excès idéologique, qui est de tenter de mondialiser à tout prix, d'appliquer en permanence cette nouvelle idéologie de l'effacement des différences, au mépris même de la réalité scientifique.

25. Et le mythe Hyperboréen ?

Nous venons de constater dans les chapitres précédents que la civilisation européenne existe depuis très longtemps en Europe, et plus précisément du nord. Elle n'a pas disparu pendant la dernière glaciation où les populations ont réussi à survivre dans des « refuges ».

Il en est bien sûr resté quelque chose dans les mythologies européennes des *peuples de la 3e période*.

En effet, dans l'Antiquité, les Grecs et les Barbares avaient presque les mêmes mythes. Le document le plus complet que j'ai pu trouver sur ce thème est une conférence de *Mathieu Graziani,* un universitaire corse [73].

D'après les Grecs de l'Antiquité, des peuples légendaires, d'origine polaire, au-delà du vent du nord (Borée), au-delà de la Thrace, constituaient le pays des roux du nord de la Grèce.

C'est très intéressant à la lumière de nos données génétiques, car nous savons maintenant que rousseur et blondeur sont des caractéristiques néandertaliennes au même titre que les yeux bleus et les yeux verts.

D'après *Pausanias*, ils seraient venus et auraient fondé Delphes et son oracle. Ces Hyperboréens (Ὑπερβόρεοι), auraient inventé le vers de l'Épopée.

Ce peuple de Géants, (et revoilà encore une allusion aux *Dénisoviens* ou *Néandertalo-Dénisoviens*, plus trapus, voire même colossaux) serait ensuite revenu régulièrement protéger les Grecs, tel Thésée à la bataille de Marathon.

Même le Dieu Apollon, aurait passé un an, dans ces pays, aux sources du Danube (Istros) du monde Celte. Là « vit un peuple sacré qui ne connaît ni la vieillesse, ni la maladie ; le soleil y brille en permanence. »

Ces hyperboréens vivaient dans une zone froide, de terre fertile d'après *Hérodote*, grand-père de la géographie,

Les Grecs de l'époque d'*Homère* avaient connaissance d'une contrée Hyperboréenne, une terre bénie, hors de l'atteinte de *Borée*, le Dieu de l'hiver et de l'ouragan; région idéale que les Grecs des générations suivantes et leurs écrivains ont vainement essayé de localiser au-delà de la *Scythie* ;

« une contrée où les nuits étaient courtes et les journées longues, et au-delà de laquelle se trouvait un pays où le soleil ne se couchait jamais et où le palmier croissait librement. «

Tout tend à prouver que la contrée aux nuits courtes et aux longues journées était en fait la région polaire nord, pays des Saamis, dont nous avons déjà parlé précédemment dans le chapitre sur *l'Haplogroupe mitochondrial V*, des Vikings, (des barbares Germains du nord), la Scandinavie et le Doggerland.

A partir des Romains, chez *Strabon* et *Virgile*, les contrées hyperboréennes sont décrites comme froides et inhospitalières.

Aucun doute, génétique et mythologie collent parfaitement. Continuons.

Le mythe de Thulé

D'après Wikipédia. *Thulé* (Θούλη / Thoúlê) est le nom donné vers 300 av J.C. par l'explorateur grec *Pythéas* à une île qu'il présente comme la dernière de l'archipel britannique et qu'il est le premier à mentionner.

Il révèle simplement qu'elle est située à six jours de navigation depuis la Grande-Bretagne à des latitudes proches du cercle polaire. Certains auteurs ont imaginé que les indications de Pythéas concernant des populations pratiquant la culture du blé et l'élevage des abeilles se rapportaient à Thulé et à ses habitants. S'il s'agit vraisemblablement de peuples rencontrés au cours de son voyage dans le nord de l'Europe, rien n'indique qu'ils étaient les habitants de Thulé. Pourtant, Pythéas parle de "millet" produit à Thulé; et le millet est, même aujourd'hui, produit surtout au Groenland.

Il précise que des navires partent des îles de Nérigon et de Scandie pour Thulé.

Le terme de Thulé figure également dans les Géorgiques du poète romain *Virgile*. Chez les Romains, Extrema Thulé désigne la limite septentrionale du monde connu. *Ptolémée* le situe au 63° N de latitude dans son ouvrage Géographie.

Dans la Vie d'Agricola, *Tacite* mentionne que les équipages « la virent distinctement » (Vie d'Agricola, X. 6), mais « reçurent l'ordre de ne pas aller plus loin ».

Durant l'époque médiévale, Ultima Thulé est parfois utilisé comme le nom latin du Groenland alors que Thulé désigne l'Islande.

Au XXe siècle, les mouvements pangermanistes (Société de Thulé) et l'écrivain français *Jean Mabire* associent Thulé au mythique continent d'Hyperborée qu'ils considèrent comme le « berceau » des aryens.

Même s'il est difficile avec aussi peu détails de dire vraiment à quel pays précisément renvoie l'Hyperborée ou même si Thulé est vraiment le Groenland ou l'Islande, le nord polaire fascine tous ces écrivains antiques. Et ils sont unanimes, les origines de l'homme et de la civilisation sont hyperboréennes.

Et un élément supplémentaire vraiment intéressant vient de la mythologie slave :

Les Aryens, frères des Russes

La mythologie slave semble assimiler le grand nord et le peuples caucasiens, Comme si en fait l'hybridation entre *Néandertal* et *Dénisova* y avait eu lieu, donnant naissance aux *Aryens,* dans le lieu nommé *péninsule de Kola*.

Ces *Aryens* seraient les ancêtres des Russes: leur théorie s'appuie sur les données de la « *génétique d'ondes* », appelée également « *savoir runique des rois aryens-russes* » [74].

De toute évidence, ce mythe est apparu parce que les vrais Aryens historiques ont certainement vécu près de la Volga et de la mer Noire — territoires appartenant aujourd'hui à la Russie. Les historiens admettent effectivement l'existence de tribus qui auraient déménagé il y a quelques milliers d'années sur le territoire indien depuis le nord, et confirment qu'il est correct de les appeler *Aryens*. Mais la science n'est pas unanime sur l'origine, l'époque et l'endroit où s'est déplacée cette population. Récemment, les scientifiques ont de plus en plus tendance à désigner ainsi les *Cavaliers Yamna.*

Cette légende permet de faire remonter encore plus loin l'existence des Slaves et de les faire passer pratiquement pour les aïeux de l'humanité. D'après ces légendes, les Russes vivaient sur les rives de la Volga déjà quand erraient des formes de transition entre le singe et l'homme sur le reste de la planète.

Il est probable que les hyperboréens historiques, n'étaient ni l'un ni l'autre. C'étaient probablement juste des chasseurs-cueilleurs nomades du nord, ayant réussi l'exploit de survivre au froid, repliés, puis de se ré-ex-panser sur la planète.

Un nouveau projet économique et touristique russe, basé sur des découvertes archéologiques du début du XXe siècle par un chercheur russe *Alexander Barychnikov* [75], place définitivement le territoire hyperboréen sur la *péninsule de Kola*.

Les pyramides de Kola, Pagans.eu

26. En conclusion

Au terme de la rédaction de cet ouvrage, j'ai trouvé mes réponses. Même si elles sont purement scientifiques, et probablement éphémères et évolutives, au fur et à mesure du comblement des lacunes.

J'ai pu découvrir huit choses :

- Il persiste toujours (à ce jour) *cinq grands groupes* génétiques humains statistiques et géographiques, correspondant toujours aux cinq continents. (voir schéma dans le chapitre sur la possibilité d'existence de races).

- Ces 5 groupes sont issus de l'hybridation d'espèces humaines *archaïques* <u>différentes</u>. Il est donc peu probable qu'ils perdent leurs caractéristiques génétiques, même avec le temps.

- Les humains ne cessent de s'hybrider et d'ajouter de plus en plus d'*ad-mixtures génétiques*, sans modifier (pour l'instant) l'existence de ces 5 grands groupes (même au cours du dernier siècle pourtant riche en déplacements de populations et métissages)

- Ces 5 grands groupes génétiques humains statistiques et géographiques sont des sous-groupes de l'espèce humaine. Jusqu'en 1987, (date d'impression de mon dictionnaire *Larousse*) on pouvait encore les appeler « races », ce qui s'arrêta, en fait, en France, avec la loi Gayssot, en 1990 [76].

- S'agissant d'humains, ce terme, à connotation non idéologiquement correcte, voire illégal, n'est plus employé.

- Cependant, pour être honnête, il faut dire que si ces 5 groupes génétiques statistiques géographiques individualisés existent toujours, ils sont en perpétuelle évolution, compte tenu des *ad-mixtures permanentes*.

- Ainsi, les habitants du continent européen, et de la France par exemple, *ad-mixés*, ne sont plus actuellement les mêmes populations qu'il y a 100 ans. Et les habitants futurs, dans 50 ans, ne seront pas non plus les mêmes, même s'ils est probable qu'ils ne changent pas de phénotype (apparence, couleur de cheveux, couleur de peau) et restent dans le même groupe génétique statistique géographique, pendant encore des centaines d'années. Il est probable qu'ils accroîtront la cinquantaine de sous-groupes existant, par leurs métissages.

- Un peuple est une entité vivante, perpétuellement hybridée, et l'on peut en aucun cas préjuger ni de ce qu'il va devenir, ni si le nombre de groupes génétiques statistiques géographiques va diminuer, par disparition d'un groupe, ou augmenter par l'individualisation de nouveaux groupes d'hybrides.

J'ai compris qu'il y avait une vérité idéologique, et une vérité scientifique, et que choisir la voie de cette dernière était un chemin difficile, semé d'embûches, et peu propice à la reconnaissance sociale de nos jours.

A toi lecteur, de choisir la tienne. Tu as maintenant en mains tous les éléments factuels, scientifiques (et bibliographiques) pour te faire ta propre opinion, juste avant qu'ils ne se périment, peut-être par l'arrivée de nouvelles découvertes, qui viendront les remettre en question.

27. Table des Matières

Tous originaires d'Afrique ?	p. 5
1. L'Europe du Messinien, berceau de l'Humanité, en Grèce et Bulgarie.	p. 9
2. La Théorie multi régionale d'apparition de l'homo sapiens / versus "Out of Africa, et le modèle de Rasmus Nielsen	p. 13
3. Un homo sapiens d'origine eurasienne : Le nouveau modèle d'Ulfur Arnason	p. 20
4. Et si nous n'étions plus des homo sapiens mais leurs hybrides miscibles ?	p. 29
5. L'Archanthrope de Pétralona	p. 33
6. Les humains archaïques européens : Néandertal, Dénisova sapiens (& homo longi),	p. 35
7. Les Géants et leurs hybrides	p. 49
8. Les Haplogroupes	p. 56
9. Le problème de l'Adam génétique et de l'Eve mitochondriale	p. 62
10. Chasseurs-Cueilleurs de l'Ouest, de l'Est et du Caucase & Agriculteurs néolithiques	p. 72
11. Histoire génétique du Territoire de la France actuelle	p. 76
12. Histoire génétique de la Péninsule italienne, à la croisée des chemins européens	p. 82
13. L'ère glaciaire	p. 91
14. La civilisation des mégalithes	p. 109
15. L'Haplogroupe Y-ADN hyperboréen I	p. 111
16. L'Haplogroupe hyperboréen Y-DNA N1c1 des Saamis (et mt U5 et V)	p. 119
17. L'Haplogroupe mitochondrial V nordique	p. 123
18. L'Haplogroupe mitochondrial H, un Haplogroupe mégalithique pré-caucasien	p. 131
19. L'Haplogroupe mitochondrial hyperboréen U des Vikings	p. 137
20. La Civilisation Camunienne alpine, mère des Civilisations celte et germanique	p. 143
21. L' Haplogroupe Y-ADN R1b-L11 caucasien.	p. 151

24. Peut-on encore parler de races ? p. 171
25. Et le mythe Hyperboréen ? p. 175
26. En Conclusion p. 180
27. Table des Matières p. 183
A propos de l'auteur p. 185
Notes p. 186

À PROPOS DE L'AUTEUR

Elisa de Vaugüé est une généticienne et écrivaine française, spécialiste des Haplogroupes.

Biographie

Née en 1971, Elisa de Vaugüé a d'abord fait des études de lettres anciennes, avant un certificat de génétique dans le cadre d'un doctorat en médecine.

Passionnée d'archéologie, elle publie des ouvrages traitant d'archéologie et de génétique. Elle habite près de Montpellier.

Publications

La civilisation camunienne, une civilisation européenne disparue et oubliée. (du Phénicien aux Runes nordiques) : Étude de ses graphèmes et de son « Haplogroupe italo-celte-germanique », 12 novembre 2017 (ISBN 978-1973176763)

Civilisation Camunienne, une émanation hyperboréenne disparue et oubliée : Camunien, Phénicien & Runes nordiques, Graphèmes & Haplogroupes, éditions Hyperboréennes, 18 juin 2019 (ISBN 978-1074685126)

Préface de Principes de Survie nordiques : Le Chant des Skaldes de Robert Mac Kay, éditions Hyperboréennes, 23 juin 2019 (ISBN 978-1095416556)

Préface du Secret Pouvoir des Runes d'Ingrid Ava Thorst, éditions Hyperboréennes, février 2021 (ISBN 979-8598990346)

Voyage à la source des Âmes celtes et germaniques : Tradition primordiale, Pétroglyphes et Génétique, éditions Hyperboréennes, 2 avril 2021 (ISBN 979-8734167205)

[1] *La Musicothérapie*, Rolando Omar Benenzon, De Boeck Editeur, Carrefour des Psychothérapies, 10 2004.

[2] Steven Brown, Patrick E Ravage, Albert Min-Shan Ko, Mark Stoneking, Ying-Chin Ko, Jun-Hun Loo, and Jean A Trejaut (2013), *Correlations in the population structure of music, genes and language*, McMaster Institute for Music and the Mind, Hamilton, Canada.

[3] Fuss J, Spassov N, Begun DR, Böhme M (2017) *Potential hominin affinities of Graecopithecus from the Late Miocene of Europe.* PLoS ONE 12(5): e0177127.

[4] Bruno von Freyberg *Die Pikermi-Fauna von Tour la Reine* (Attica). In: Annales géologiques des Pays Helléniques. Serie 1, Band 3, 1951, S. 7–10 44 Traduction : La seule trouvaille d'abord était une mâchoire inférieure partiellement dentée du site Pyrgos Vassilissis près d'Athènes, découverte par Bruno von Freyberg en 1944 lors des travaux d'excavation du bunker de la Wehrmacht dans les environs d'Athènes, ainsi que de quelques autres fossiles et échantillons de rougeâtre. sédiments chatoyants datés du Miocène supérieur. Von Freyberg a interprété sa découverte en 1951 comme un vestige du mésopithèque de Meerkatzenverwandeten.(Cercopithecidae)

[5] Disotell TR, *Archaic human genomics*, Am J Puys Anthropol. 2012;149 Suppl 55:24-39.

[6] Rasmus Nielsen, Joshua M. Akey, Mattias Jakobsson, Jonathan K. Pritchard, Sarah Tishkoff, and Eske Willerslev, *Tracing the peopling of the world through genomics.* doi: Nature. 2017 Jan 18; 541(7637): 302–310.

[7] Liu, W. et al. The *earliest unequivocally modern humans in southern China*, Nature, volume 526, pages 696–699 (29 October 2015)

[8] Paul Molga, *Des doutes sur l'origine africaine de l'homme*, les échos, science, Publié le 28 sept. 2018 à 17:57

[9] Eleanor M.L. Scerri, Mark G. Thomas, Andrea Manica, Jessica C. Thompson, Aylwyn Scally, Lounès Chikhi, *Did Our Species Evolve in*

Subdivided Populations across Africa, and Why Does It Matter? Open Access Published : July 11, 2018.

[10] Hublin JJ, Ben-Ncer A, Bailey SE, Freidline SE, Neubauer S, Skinner MM, Bergmann I, Le Cabec A, Benazzi S, Harvati K, Gunz P., *New fossils from Jebel Irhoud, Morocco and the pan-African origin of Homo sapiens*, Nature. 2017 Jun 7;546(7657):289-292. doi: 10.1038/nature22336. PMID: 28593953

[11] Úlfur Árnason *A phylogenetic view of the Out of Asia/Eurasia and Out of Africa hypotheses in the light of recent molecular and paleontological finds,* Gene Volume 627, 5 September 2017, Pages 473-476.

[12] Nathan K. Schaefer, Beth Shapiro and Richard E. Green *An ancestral recombination graph of human, Neanderthal, and Denisovan genomes* Science Advances, 16 Jul 2021, Vol 7, Issue 29. DOI: 10.1126/sciadv.abc0776

[13] Martin Petr, Mateja Hajdinjak et coll. *The evolutionary history of Neanderthal and Denisovan Y chromosomes*, Science, 25 Sep 2020, Vol 369, Issue 6511, pp. 1653-1656.

[14] Duo Xu, Pavlos Pavlidis, et coll., Archaic Hominin, *Introgression in Africa Contributes to Functional Salivary MUC7 Genetic Variation*, Molecular Biology and Evolution, Volume 34, Issue 10, October 2017, Pages 2704–2715, https://doi.org/10.1093/molbev/msx206, Published: 21 July 2017

[15] Svante Pääbo, *Néandertal : à la recherche des génomes perdus*, Les liens qui libèrent, 2015 (ISBN 979-10-209-0321-1

[16] Silvana Condemi, Stéphane Mazières, Pierre Faux et coll., *Blood groups of Neandertals and Denisova decrypted*, Plos One, Published: July 28, 2021.

[17] David Enard, Dmitri A. Petrov, *Evidence that RNA Viruses Drove Adaptive Introgression between Neanderthals and Modern Humans*, Volume 175, ISSUE 2, P360-371.e13, October 04, 2018,

[18] Asier Gómez-Olivencia, Alon Barash, Daniel Mikel Arlegi, Patricia Kramer, Markus Bastir & Ella Been, *3D virtual reconstruction of the Kebara 2 Neandertal thorax*, Nature Communications volume 9, Article number: 4387 (2018),

[19] Skoglund P. , E. Ersmark, E. Palkopoulou, L. Dalén, *Ancient Wolf Genome Reveals an Early Divergence of Domestic Dog Ancestors and Admixture into High-Latitude Breeds*, Current biology May 21, 2015.

[20] L'un des plus importants mouvements migratoires serait celui des proto-indo-européens caractérisés par les Haplogroupes de l'ADN-Y R1a et R1b provenant des peuples des steppes pontiques et asiatiques utilisant des sépultures recouvertes de tumulus, les kourganes », Jean Chaline, *Généalogie et génétique : La saga de l'humanité : migrations, climats et archéologie*, Paris, Ellipses, 2014, 471 p. (ISBN 9782729888718), p. 307

[21] Jean Deruelle, *l'Atlantide des mégalithes*, Éditions France-Empire, IBSN 2 7048 0881 3, 1999

[22] *Civilisation Camunienne, une émanation hyperboréenne disparue et oubliée : Camunien, Phénicien & Runes nordiques, Graphèmes & Haplogroupes,* Élisa de Vaugüé, 18 juin 2019, ISBN 978-1074685126,

[23] Finlayson, C. et al. « *Late survival of Neanderthals at the southernmost extreme of Europe* », Nature, advanced online publication, 13 septembre 2006.

[24] Genevieve Von Petzinger, *The First Signs : Unlocking the Mysteries of the World's Oldest Symbols*, mars 2017.

[25] Laura S. Weyrich, Sebastian Duchene et coll. *Neanderthal behaviour, diet, and disease inferred from ancient DNA in dental calculus*, Nature volume 544, pages 357–361,

[26] Maanasa Raghavan et coll. *Upper Palaeolithic Siberian genome reveals dual ancestry of Native Americans*, Nature, published: 20 November 2013.

[27] Bryan Sykes, *The Seven Daughters of Eve: The Science That Reveals Our Genetic Ancestry*, W.W. Norton, 2001, 306 p. (ISBN 0-393-02018-5 et 0-

393-32314-5)https://www.eupedia.com/europe/origines_haplogroupes_europe.shtml,

[28] *Dating of hominin discoveries at Denisova*, Nature, 30 January 2019.

[29] Albrecht Friedrich Karl Penck et Eduard Brückner, *Die Alpen im Eiszeitalter*, 1909

[30] Qiang Ji, Wensheng Wu, Yannan Ji, Qiang Li, Xijun Ni, *Late Middle Pleistocene Harbin cranium represents a new Homo species*, The Innovation, Published: June 25, 2021

[31] Spencer Wells, *The Journey of Man : A Genetic Odyssey*, p. 55. Random House, (ISBN 0-8129- 7146-9)

32 https://www.eupedia.com/genetics/arbres_phylog%C3%A9n%C3%A9tiques_des_haplogroupes_Y-ADN.shtml,

33 https://www.eupedia.com/europe/european_haplogroups_timeline.shtml,

[34] https://www.eupedia.com/europe/ancient_european_dna.shtml,

[35] Rebecca L. Cann, Mark Stoneking & Allan C. Wilson, *Mitochondrial DNA and human evolution*, Nature vol. 325, Berkeley, university of California, 1987.

[37] F J Ayala, *The myth of Eve: molecular biology and human origins*, Science, 1995 Dec 22;270(5244):1930-6.

[38] Fulvio Cruciani, Beniamino Trombetta, Andrea Massaia, Giovanni Destro-Bisol, Daniele Sellitto, Rosaria Scozzari, *A Revised Root for the Human Y Chromosomal Phylogenetic Tree: The Origin of Patrilineal Diversity in Africa,* May 19, 2011 DOI : https://doi.org/10.1016/j.ajhg.2011.05.002

[39] Dans le domaine de la génétique (des plantes notamment), le mot introgression (ou « *introgressive hybridization*), désigne le transfert (naturel ou dans certaines circonstances plus ou moins contrôlées) de gènes d'une espèce vers le pool génétique d'une autre espèce, génétiquement assez proche pour qu'il puisse y avoir interfécondation.
L'introgression est un phénomène omniprésent chez les plantes, les animaux et même chez l'homme. Dans le cas de l'être humain, les différentes théorie et modèles sur les premières migrations humaines constituent la base des études de ces introgressions, particulièrement développées dans l'hypothèse la plus en vigueur, celle de l'hybridation entre les humains archaïques et modernes

[40] Fernando L. Mendez, Thomas Krahn, Bonnie Schrack, Astrid-Maria Krahn, et Coll., *An African American Paternal Lineage Adds an Extremely Ancient Root to the Human Y Chromosome Phylogenetic Tree,* Science Advance, The American Journal of Human Genetics, 92, 564-459, March 7, 2013.

[41] Pierre Barthélémy, *L'homme qui ne descendait pas d'Adam*, Billet de blog, le monde, Publié le 10 mars 2013 à 19h33

[42] Richard E. Green, Johannes Krause, Adrian W. Briggs, Tomislav Maricic, Udo Stenzel1,†§, Martin Kircher, Heng Li, Rasmus Nielsen, David Reich, Svante Pääbo et coll. *A Draft Sequence of the Neandertal Genome*, Science 07 May 2010: Vol. 328, Issue 5979, pp. 710-722 DOI: 10.1126/science.1188021

[43] Eppie R. Jones, Gloria Gonzalez-Fortes, Sarah Connell, et al., *Upper Palaeolithic genomes reveal deep roots of modern Eurasians,* Nature Communications volume 6, Article number: 8912 (2015)

[44] Samantha Brunel et coll., *Ancient genomes from present-day France unveil 7,000 years of its demographic history*, PNAS June 9, 2020, 117 (23) 12791-12798; first published May 26, 2020.

[45] Alissa Mittnik et coll. *Kinship-based social inequality in Bronze Age* Europe, Science, 8 Nov 2019, Vol 366, Issue 6466, pp. 731-734.

[46] Eva-Maria Geigl, *Qui a habité en France ces 9 000 dernières années ?* The

Conversation, 13 septembre 2020, 17:36

[47] http://racine-ad.fr/histoire-genetique-italiens/

[48] https://civilisationeuropeenne.over-blog.com/2018/02/les-tatouages-d-otzi-sont-ils-une-trace-de-therapie-articulaire-de-la-maladie-de-lyme-il-y-a-5-000-ans.html

[49] Jean Paul Demoule, *Mais où sont passés les indo-européens, le mythe d'origine de l'occident*, Points, 2017

[50] *La Preistoria sulla Roccia, L'arte rupestre della Valle Camonica*, RAI Storia

[51] Bernhard Weninger et al., *The catastrophic final flooding of Doggerland by the Storegga Slide tsunami*, Documenta Praehistorica XXXV, 2008.

[52] Ludovic Richer, *Arcana : les mystères du monde - Les civilisations oubliées*, ASIN : B08JQJS6D4, Éditeur : Opportun (8 octobre 2020)

[53] https://www.eupedia.com/europe/Haplogroupe_I1_ADN-Y.shtml,

[54] Jones et al, *Upper Palaeolithic genomes reveal deep roots of modern Eurasians*, Nature Communications volume 6, Article number: 8912 (2015)

[55] Torsten Günther, Helena Malmström, Emma M. Svensson , .../... Mattias Jakobsson, *Population genomics of Mesolithic Scandinavia: Investigating early postglacial migration routes and high-latitude adaptation*, Published: January 9, 2018,

[56] Maja Krzewińska , Gro Bjørnstad, Pontus Skoglund , Pall Isolfur Olason , Jan Bill, Anders Götherström and Erika Hagelberg, *Mitochondrial DNA variation in the Viking age population of Norway*, The Royal Society, biological Sciences, Published:19 January 2015.

[57] Nedoluzhko et al., *Analysis of the Mitochondrial Genome of a Novosvobodnaya Culture Representative using Next-Generation Sequencing and Its Relation to the Funnel Beaker Culture*, Acta Naturae. 2014 Apr-Jun; 6(2): 31–35.

[58] https://www.eupedia.com/europe/Haplogroup_V_mtDNA.shtml

[59] https://www.eupedia.com/europe/Haplogroupe_H_ADNmt.shtml

[60] https://www.eupedia.com/europe/Haplogroupe_U5_ADNmt.shtml,

[61] Déjà vu : Mitochondrial DNA variation in the Viking age population of Norway, 2015

[62] Hedenstierna-Jonson C., Kjellström A., Zachrisson T., Krzewińska M., Sobrado V., Price N., Günther T. , Jakobsson M., Götherström A., Storå J., *A female Viking warrior confirmed by genomics*, American Journal of Physical Anthropology , 2017.

[63] Emmanuel Anati, La Civilisation Camunienne (1960)

[64] http://www.eupedia.com/europe/Haplogroup_R1b_Y-DNA.html,

[65] Marro, Giovanni, 1934, *L'elemento epigrafico preistorico fra le incisioni rupestri della Valca-monica scoperte dal prof. G. MARRO. Rivista di Antropologia,* 30, p. 3-8.
Marro, Giovanni, 1936, *La Roccia delle Is-crizioni di Cimbergo. Rivista di Antropologia,* 31, p. 1-36.Poggiani Keller, Raffa,

[66] Jacques Briard, *L'Âge du Bronze en Europe. Économie et société,* 2000-800 avant J.-C., Paris, Errance, 1997, chap. II - « Unétice, tumulus et Danube », pp. 23-50.

[67] Wolfgang Haak, Losif Lazaridis, *Massive migration from the steppe is a source for Indo-European languages in Europe*, March 2015,Nature 522(7555)

[68] Z. Hawass et coll., « *Ancestry and Pathology in King Tutankhamun's Family* », JAMA : the journal of the American Medical Association, n°7, 2010, p. 638-647

[69] Marco Samadellia, Marcello Melis, *Complete mapping of the tattoos of the 5300-year-old Tyrolean Iceman,* Journal of Cultural Heritage

Volume 16, Issue 5, September–October 2015, Pages 753-758.

[70] https://www.eupedia.com/europe/Haplogroupe_J_ADNmt.shtml

[71] Editions Larousse, Canada, 22 volumes, 1987.

[72] Muséum d'Histoire Naturelle de Paris, Évelyne Heyer, Conférence filmée, *Le peuplement de la planète et la diversité génétique de notre espèce*, 2016

[73] Mathieu Graziani, *les mythes hyperboréens*, conférence réalisée le mardi 25 novembre 2014 dans le cadre de l'Université Inter-Âges du centre culturel de l'Université de Corse

[74] *Des extraterrestres vivent-ils parmi nous ?* Sputnik News, 02 06 2016,

[75] http://lib.rus.ec/a/49518.

[76] La loi n° 90-615 du 13 juillet 1990, tendant à réprimer tout acte raciste, antisémite ou xénophobe, dite loi Gayssot est une loi française. Elle est la première des lois mémorielles françaises.

www.ingramcontent.com/pod-product-compliance
Lightning Source LLC
Chambersburg PA
CBHW060845170526
45158CB00001B/247